新专标计算机类课程"双高计划"
建设成果系列教材

Python
程序设计项目化
教程

主 编 杨阳 张波

中国教育出版传媒集团
高等教育出版社·北京

内容提要

本书为新专标计算机类课程"双高计划"建设成果系列教材之一，根据高等职业教育专科软件技术专业教学标准、《国家职业技术技能标准——人工智能工程技术人员（2021 年版）》和《全国计算机等级考试二级 Python 语言程序设计考试大纲（2023 年版）》编写。本书采用全新的项目实践编排方式，基于工作过程实现项目化教学理念，在着力培养学习者 Python 语言基本编程能力的同时，帮助其树立工程化思维，提升职业素养。全书共 7 个项目，内容包括使用 Python 实现图书管理系统，实现系统启动界面和欢迎信息，实现系统登录、退出和菜单关联，实现图书的新增、修改和查询，实现图书的借阅和归还，实现图书借阅报表展示，以及实现远程访问图书信息。

本书配有微课视频、教学设计、授课用 PPT、电子教案、习题库等丰富的数字化学习资源。与本书配套的数字课程在"智慧职教"平台（www.icve.com.cn）上线，学习者可登录平台在线学习，授课教师可调用本课程构建符合自身教学特色的 SPOC 课程，详见"智慧职教"服务指南。教师也可发邮件至编辑邮箱 1548103297@qq.com 获取相关资源。

本书为高等职业院校计算机类专业 Python 程序设计课程的教材，也可供软件设计人员参考使用。

图书在版编目（CIP）数据

Python程序设计项目化教程 / 杨阳，张波主编. --
北京：高等教育出版社，2024.2

ISBN 978-7-04-061432-9

Ⅰ.①P… Ⅱ.①杨… ②张… Ⅲ.①软件工具-程序
设计-教材 Ⅳ.①TP311.561

中国国家版本馆CIP数据核字（2023）第240360号

Python Chengxu Sheji Xiangmuhua Jiaocheng

策划编辑	吴鸣飞	责任编辑	刘子峰	封面设计	王 鹏	版式设计 杜微言
责任绘图	易斯翔	责任校对	张 薇	责任印制	刁 毅	

出版发行	高等教育出版社	网　址	http://www.hep.edu.cn
社　址	北京市西城区德外大街 4 号		http://www.hep.com.cn
邮政编码	100120	网上订购	http://www.hepmall.com.cn
印　刷	北京市大天乐投资管理有限公司		http://www.hepmall.com
开　本	787mm×1092mm　1/16		http://www.hepmall.cn
印　张	17.5		
字　数	400 千字	版　次	2024 年 2 月第 1 版
购书热线	010-58581118	印　次	2024 年 2 月第 1 次印刷
咨询电话	400-810-0598	定　价	49.50 元

物 料 号　61432-00

"智慧职教"服务指南

"智慧职教"（www.icve.com.cn）是由高等教育出版社建设和运营的职业教育数字教学资源共建共享平台和在线课程教学服务平台，与教材配套课程相关的部分包括资源库平台、职教云平台和App等。用户通过平台注册，登录即可使用该平台。

- **资源库平台：** 为学习者提供本教材配套课程及资源的浏览服务。

登录"智慧职教"平台，在首页搜索框中搜索"Python程序设计项目化教程"，找到对应作者主持的课程，加入课程参加学习，即可浏览课程资源。

- **职教云平台：** 帮助任课教师对本教材配套课程进行引用、修改，再发布为个性化课程（**SPOC**）。

1. 登录职教云平台，在首页单击"新增课程"按钮，根据提示设置要构建的个性化课程的基本信息。

2. 进入课程编辑页面设置教学班级后，在"教学管理"的"教学设计"中"导入"教材配套课程，可根据教学需要进行修改，再发布为个性化课程。

- **App：** 帮助任课教师和学生基于新构建的个性化课程开展线上线下混合式、智能化教与学。

1. 在应用市场搜索"智慧职教icve"App，下载安装。

2. 登录App，任课教师指导学生加入个性化课程，并利用App提供的各类功能，开展课前、课中、课后的教学互动，构建智慧课堂。

"智慧职教"使用帮助及常见问题解答请访问help.icve.com.cn。

前　言

　　本书为新专标计算机类课程"双高计划"建设成果系列教材之一，面向高等职业院校计算机相关专业，借鉴当前教材建设的先进理念，吸收"双高"院校品牌专业建设经验，并对接高等职业教育专科软件技术专业教学标准、《国家职业技术技能标准——人工智能工程技术人员（2021年版）》和《全国计算机等级考试二级Python语言程序设计考试大纲（2023年版）》，以期达到新时代人工智能相关专业人才培养目标。本书的设计从实际就业岗位调研入手，分析得到对应的典型工作任务，按"内容由易到难、能力逐层提升"的原则进行整合后提炼出相应的工作情境。全书以项目实践要求为线索，激发学生的学习兴趣，为今后相关专业的深入学习打下良好基础。

　　近几年，软件行业对人才的需求不断变化，要求从业者具备更强的综合实践能力和创新精神。为了适应这一趋势，在双高建设背景下，天津电子信息职业技术学院重新构建软件技术专业群。该专业群以软件技术为核心，集合了多个相关专业的优势资源。本书作为软件技术专业群双高建设的基础课程教材，充分体现了专业群在近年建设过程中所取得的成果。书中融入了完整的项目案例，将理论知识与实践操作相结合，融入了"岗课赛证"相关要点，便于学生理解和掌握。此外，本书还反映了学院在人才培养模式改革和"微专业"课程体系建设方面的成果，展现了学院在软件技术领域的领先地位。

　　1. 本书的特点

　　为推进党的二十大精神进教材、进课堂、进头脑，本书将"坚持教育优先发展、科技自立自强、人才引领驱动"作为指导思想，以项目驱动教学的理念设计学习过程，探索将职业素养提升和专业知识学习有机融合。首先，针对当前Python程序设计的最新技术发展趋势和课程教学改革成果，在相应内容的边栏处设置微课视频的二维码，着力培养新一代信息产业建设所需的复合型高技能人才，贯彻科教兴国战略和创新驱动发展战略；其次，结合各项目的特点提炼出相应的素养目标，重点培养或提升规范操作、精益求精的工匠精神、安全意识和创新思维等核心职业能力，通过加强行为规范与思想意识的引领作用，落实"培养德才兼备的高素质人才"要求，将"实施科教兴国战略，强化现代化建设人才支撑"的指引落实到课程中，为进一步推进网络强国、数字中国的建设助力。

　　2. 本书的内容组织

　　本书共分7个项目，按照由浅入深的顺序展开，具体如下。

项目1　使用Python实现图书管理系统，主要介绍基于国产操作系统的开发环境及平台的安装和基本使用方法。

项目2　实现系统启动界面和欢迎信息，主要通过基础语法实现系统启动界面过程内容，同时介绍Python语言中基本数据类型、运算符和表达式等基础知识。

项目3　实现系统登录、退出和菜单关联，主要通过Python基础过程控制语句实现图书管理系统的登录、退出和菜单关联过程等内容，同时介绍Python语言中条件语句、循环语句等语句控制语法基础知识。

项目4　实现图书的新增、修改和查询，主要通过函数封装逻辑进而实现图书管理系统中图书的新增、修改和查询等内容，同时介绍Python语言中函数、模块等基础知识。

项目5　实现图书的借阅和归还，主要通过面向对象方式实现图书管理系统中图书的借阅和归还等内容，同时介绍Python语言中面向对象程序设计、文件操作等基础知识。

项目6　实现图书借阅报表展示，主要应用第三方模块和异常处理技术实现图书借阅报表展示等内容，同时介绍Python语言中异常处理、第三方模块使用的相关技术。

项目7　实现远程访问图书信息，主要通过Socket和多线程技术实现远程访问图书信息等内容，同时介绍Python语言中Socket、多线程处理的使用等基础知识。

3. 本书的适用对象

本书可以作为高等职业院校或应用型本科院校人工智能相关专业的教材，建议为48学时；也可以作为具有一定的编程基础的学习者学习Python语言的参考资料。

4. 本书的教学资源

本书配有微课视频、教学设计、授课用PPT、电子教案、习题库等丰富的数字化学习资源。与本书配套的数字课程在"智慧职教"平台（www.icve.com.cn）上线，学习者可登录平台在线学习，授课教师可调用本课程构建符合自身教学特色的SPOC课程，详见"智慧职教"服务指南。教师也可发邮件至编辑邮箱1548103297@qq.com获取相关资源。

5. 本书的编写分工及致谢

本书由天津电子信息职业技术学院的杨阳、张波担任主编，负责拟定全书的内容编排和案例。具体分工为：项目1由杨阳编写，项目5和项目7由张波编写，项目2由孟江曼编写，项目3由颜健编写，项目4由刘鹏编写，项目6由刘洋编写，东软教育科技集团有限公司技术经理徐昕光为本书提供相关配套项目案例。

在本书的编写过程中，得到中科闻歌、起硕科技等多家高科技企业的支持与帮助，在此表示衷心的感谢！感谢每一位读者在茫茫书海之中选择本书，衷心祝愿您能够有所收获。

由于编者水平有限，书中难免有漏误或不足之处，敬请广大读者批评指正。欢迎广大读者发送邮件到主编邮箱zhangbo@tjdz.edu.cn进行交流。

编　者

2024年1月

目　录

项目1

使用 Python 实现图书管理系统

信息管理系统已经成为人们工作和生活中的一部分，图书管理系统作为信息管理系统中的一员，则是图书馆必备的软件系统。本项目将介绍使用 Python 语言实现图书管理系统所需环境的搭建过程、Python 语言的特点和发展以及图书管理系统模块设计。

本项目学习目标

知识目标

◆ 了解 Python 语言的特点。
◆ 了解 Python 语言的应用领域。
◆ 了解 Python 的语法特点。
◆ 了解新一代信息技术。
◆ 了解国产自主信创产品。

技能目标

◆ 掌握基于国产操作系统的开发环境搭建方法。
◆ 掌握基于 Web 的开发工具的基本使用方法。

素养目标

◆ 通过对国产操作系统的学习和应用，理解新发展理念，了解新一代信息技术的发展状况，强化对我国科技创新的认同感。
◆ 通过按照既定步骤完成搭建环境的操作实施和验证过程，建立过程化、标准化意识和质量意识。
◆ 通过章节实操内容树立知行合一理念，明白不能只停留在看和听，要在真实环境中动手实践才能获得真知的道理。

任务 1.1   了解 Python 语言

任务描述

要掌握一门语言，首先要了解它的发展背景和应用范畴。本任务将帮助学习者理解 Python 语言的发展现状和趋势，为选择 Python 语言开发相关应用提供佐证和依据。

本任务通过学习 Python 发展历程、Python 应用领域和 Python 的语法特点，使学习者能够比较全面地了解 Python 语言的发展情况和主要特征，从而在面对某领域开发应用需求时，能够判断采用 Python 语言是否合适，同时为进一步掌握和应用 Python 语言打下坚实的基础。

1.1.1   Python 语言简介

编程语言一直在不断地发展和变化，从最初的机器语言发展到如今共计超过 2 500 种高级语言。每种语言都有其特定的用途和不同的发展轨迹。

Python 的第一个公开版本发行于 1991 年，该版本使用 C 语言实现，能调用 C 语言的库文件。

2000 年 10 月，Python 2.0 版本发布，此后 Python 从基于 maillist 的开发方式转为完全开源。2008 年 12 月，Python 3.0 版本发布，并被作为 Python 语言持续维护的主要系列，这也标志着 Python 语言存在两套主要版本局面的形成，同时也产生了 Python 2.x 系列与 Python 3.x 系列之间的版本兼容问题。

2010 年，Python 2.x 系列发布了最后一个版本，其主版本号为 2.7，同时，Python 的维护者们声称不在 2.x 系列中继续对主版本号升级，Python 2.x 系列慢慢退出历史舞台，3.x 系列逐步占领市场。目前 Python 的最新版本为 2023 年 2 月发布的 3.11.2。

曾经在市场上，除了官方提供的 Python 版本外，还有第三方版本可供选择，最有名的为 ActivePython，应用于 Linux、Windows、macOS X 以及多个 UNIX 内核版本。ActivePython 的内核与应用于 Windows 中的标准 Python 发布版本相同，并包含许多额外独立的可用工具。

Stackless Python 是 Python 的重新实现版本，基于原始的代码，也包含一些重要的内部改动。对于入门用户来说，两者并没有多大区别。Stackless Python 最大的优点是允许深层次递归，并且多线程执行更加高效，不过这些都是高级特性，一般用户并不需要。

Jython 和 IronPython 与以上版本有较大不同，它们都是用其他语言实现的 Python。Jython 利用 Java 实现，运行在 Java 虚拟机中；IronPython 利用 C# 实现，运行于公共语言运行时的 .NET 和 Mono 环境中。

1.1.2   Python 应用领域

Python 的应用领域非常广泛，几乎所有大中型互联网企业都在使用 Python 完成各种各样的任务。

（1）Web 开发

Python 是 Web 开发的主流语言。与 JavaScript、PHP 等语言相比，Python 的类库丰富且使用方便，能够为一个需求提供多种方案；此外，Python 支持最新的 XML 技术，具有强大的数据处理能力。Python 为 Web 开发领域提供的框架有 Django、Flask、Tormado、web2py 等。

（2）科学计算

Python 提供了支持多维数组运算与矩阵运算的模块 NumPy、支持高级科学计算的模块 Scipy、支持 2D 绘图功能的模块 Matplotlib，同时又具有简易的特点，因此被科学家用于编写科学计算程序。

（3）游戏开发

很多游戏开发者先利用 Python 或 Lua 编写游戏的逻辑代码，再使用 C++ 编写图形显示等对性能要求较高的模块。Python 标准库提供了 Pygame 模块，利用该模块可以制作 2D 游戏。

（4）自动化运维

Python 是一种脚本语言，其标准库提供了一些能够调用系统功能的库，因此常被用于编写脚本程序，以控制系统实现自动化运维。

（5）多媒体应用

Python 提供了 PIL、Piddle、ReportLab 等模块，利用这些模块可以处理图像、声音、视频、动画等，并动态生成统计分析图表。Python 的 PyOpenGL 模块封装了 OpenGL 应用程序编程接口，提供了二维和三维图像的处理功能。

1.1.3　Python 语言的特点

（1）Python 是免费的自由软件

Python 遵循 GPL 协议，是自由软件，这也是 Python 流行的最重要的原因之一。用户使用 Python 进行开发或发布自己编写的程序，不需要支付任何费用，也不用担心版权问题。即使用作商业用途，Python 也是免费的，其作为一款开源软件在未来将具有更强的生命力。

（2）Python 是跨平台的

跨平台、良好的可移植性是 C 语言成为经典编程语言的关键，而 Python 正是用可移植的 ANSI C 编写的，这意味着 Python 也具有良好的跨平台特性。也就是说，在 Windows 下编写的 Python 脚本可以轻易地运行在 Linux 下。

Python 不仅能在 Windows、Linux 系统中运行，由于它的开源本质，已经被移植到许多平台上，包括 FreeBSD、macOS、Solaris、OS/2、Amiga、AROS、AS/400、BeOS、OS/390、z/OS、Palm OS、QNX、VMS、Psion、Acom RISC OS、VxWorks、PlayStation、Sharp Zaurus、Windows CE、PocketPC、Symbian 以及基于 Linux 开发的 Android 平台。不难看出，Python 不仅能够运行在传统的服务器或 PC 系统中，还能够运行在正蓬勃发展的各类移动系统中。

（3）Python 基础功能丰富

Python 的强大基础功能也许才是很多用户支持它的最重要原因。从字符串处理到复杂的

3D图形编程，Python借助扩展模块都可以轻松完成。实际上，Python的核心模块已经提供了足够强大的功能，使用Python精心设计的内置对象可以完成许多功能强大的操作。Python语言可以应用于数据库、网络、图形图像、数学计算、Web开发和操作系统扩展等各类领域。

（4）Python可扩展

Python提供了扩展接口，通过使用C/C++可以为Python编写扩展模块。另外，Python还可以嵌入到C/C++编写的程序之中。在C/C++编写的程序中可以使用Python完成一些对于C/C++来说实现起来较为复杂的任务。在某些情况下，Python可以作为动态链接库的替代品在C/C++中使用。Python可以很容易地被修改、调试，而且不需要重新编译。

（5）Python易学易用

Python的语法十分简单。与JavaScript、PHP、Perl等语言类似，它不需要另外声明变量，直接赋值即可创建一个新的变量。在使用变量时也无须事先声明变量的类型。使用Python不必关心内存的使用和管理，它会自动分配或回收内存。Python提供了功能强大的内置对象和方法。使用Python还可以减少编程的复杂性，如在C语言中要使用数十行代码才能实现的排序，在Python中可以通过列表的排序函数轻松完成。

任务 1.2　Python 开发环境的搭建

Python 开发
环境的搭建

任务描述

为完成本任务，需要学习者首先了解openEuler的发展现状，进而能够选择合适的版本，然后学习操作系统和桌面系统的安装方法，最后学习支持远程开发的工具平台的安装、运行及测试验证方法。

微课 1-2：
安装华为欧
拉操作系统

1.2.1　安装华为欧拉操作系统

华为欧拉操作系统（openEuler）源于华为基于Linux内核开发的面向服务器的操作系统，对ARM体系结构有很好的支持，并且在系统性能和安全性方面有良好的性能，能够满足企业级服务器操作系统的需求。2020年9月30日，首个openEuler 20.09创新版发布，该版本是openEuler社区中的多个公司、团队、独立开发者协同开发的成果，在openEuler社区的发展进程中具有里程碑式的意义，也是中国开源历史上的标志性事件。

下面介绍利用虚拟机完成openEuler的安装操作。

首先，从openEuler官网下载对应镜像文件openEuler 22.03-LTS。使用虚拟机加载该镜像文件，并在启动安装时通过键盘选择"Install openEuler 22.03-LTS-SP2"选项，如图1-1所示。

在预处理过后，启动首个安装窗口，选择"中文"语言选项，如图1-2所示。

单击"继续"按钮，弹出"安装信息摘要"窗口。在该窗口存在标有感叹号的两个图标，分别为"安装目的地"和"Root账户"，如图1-3所示。

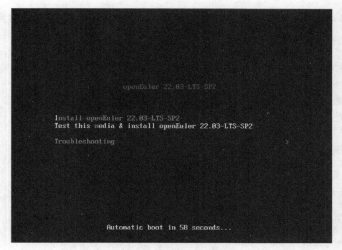

图 1-1 安装初始界面

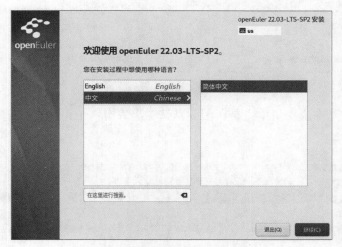

图 1-2 选择"中文"语言选项

图 1-3 "安装信息摘要"窗口

下面需要针对"安装目的地""网络和主机名"和"Root 账户"进行设置。首先单击"安装目的地"图标，进入如图1-4所示设置窗口。

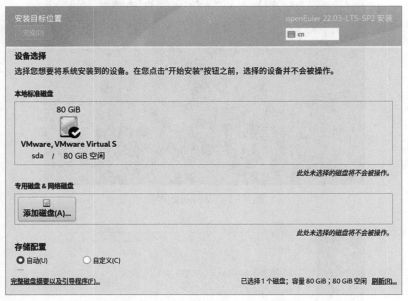

图 1-4 "安装目标位置"窗口

目前演示系统是在虚拟机中安装，因此默认磁盘只有一个，此处选择默认的本地标准磁盘，如图1-5所示。

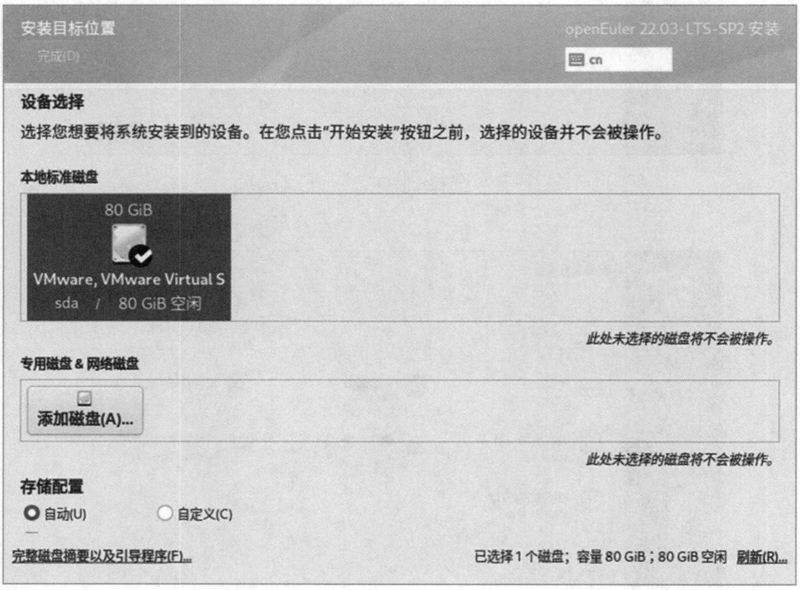

图 1-5 选择本地标准磁盘

设置完目标磁盘后，单击"网络和主机名"图标，进入"网络和主机名"设置窗口。将"以太网"滑动按钮变更为高亮状态，启用网络，如图1-6所示。

图 1-6 网络设置

单击"Root账户"图标，进入"ROOT账户"设置窗口。选中"启用Root账户"单选按钮并设置Root密码，此处输入"a1d2@456"，如图1-7所示。

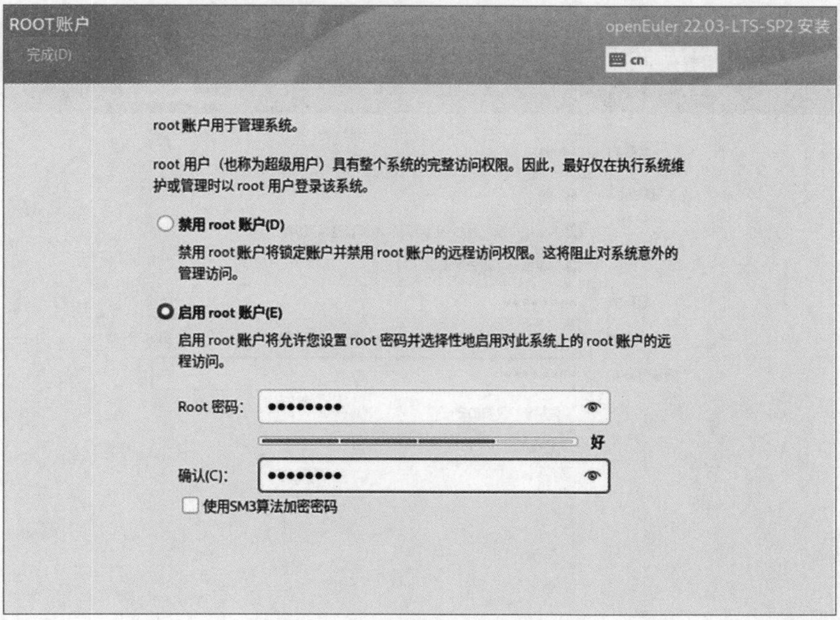

图 1-7 设置 Root 密码

单击"完成"按钮后，回到"安装信息摘要"窗口，然后单击"创建用户"图标，如图1-8所示。

图 1-8　创建用户

　　在打开的"创建用户"窗口中，输入用户名"admin"，密码"a1d2@456"，如图 1-9 所示。

图 1-9　"创建用户"窗口

上述设置完成后，单击"开始安装"按钮，进入"安装进度"窗口，如图 1-10 所示。

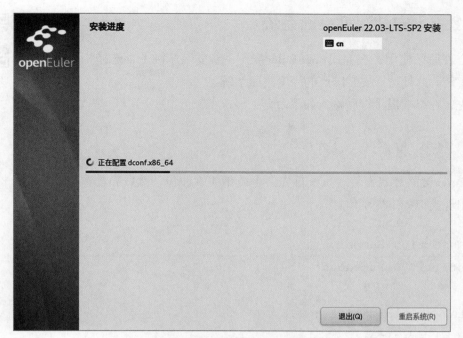

图 1-10　"安装进度"窗口

安装结束后，单击"重启系统"按钮，如图1-11所示。

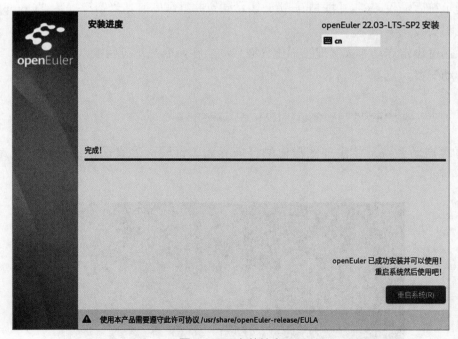

图 1-11　安装结束

重启后，提示类似"localhost login"信息。使用Root账号和密码登录系统，当窗口出现类似"[root@localhost ~]"信息后，证明登录成功。至此，openEuler操作系统安装完毕。

1.2.2   安装深度桌面系统

微课 1-3：
安装深度
桌面系统

为方便后续使用，在完成 openEuler 操作系统安装基础上，选择相应桌面系统进行安装。此处选择安装国产的深度桌面系统。

首先，在终端提示符后输入如下命令：

```
yum install dde
```

按 Enter 键后开始安装，系统首先会下载相关软件包，然后启动预检测功能，检测正常后，将出现类似如下提示信息。

```
Transaction Summary
Install 690 Packages


Total download size : 1.3 G
Installed size : 3.6G
Is this ok [y/N] :
```

在提示符后输入"y"并按 Enter 键，表示同意并继续安装。当窗口提示"Complete!"信息后，说明安装完毕。

可以通过设定启动方式实现图形化界面启动。在命令提示符后输入如下指令，实现图形化界面启动配置。

```
systemctl set-default graphical.target
```

当再次启动系统，将出现图形化的登录界面，证明深度桌面系统已经安装完毕，如图 1-12 所示。

图 1-12   深度桌面系统图形化启动界面

1.2.3　安装虚拟环境和Web编辑器

1. 安装虚拟环境

Conda 是一个开源的软件包管理系统和环境管理系统，用于安装多个版本的软件包及其依赖关系，并在各环境之间轻松切换，便于实现系统维护。

微课 1-4：
安装虚拟
环境

首先下载Anaconda安装文件。打开一个控制终端，在终端中执行如下指令，完成新建目录。

```
mkdir -p /datafs/admin
```

执行如下指令，下载Anaconda3安装文件到目标目录"/datafs/admin"。

```
wget -U NoSuchBrowser/
https://mirrors.tuna.tsinghua.edu.cn/anaconda/archive/Anaconda3-
  2021.05-Linux-x86_64.sh -P /datafs/adminls
```

当窗口中出现"已保存/datafs/admin/Anaconda3.2021.05-Linux-x85_64.sh"信息时，表明完成下载。

接着，执行如下指令，查询admin的用户组。

```
groups admin
```

通过执行结果可知用户组为"wheel"。然后，执行如下指令，完成赋予admin账户对目标目录的读权限。

```
chown -R admin:wheel /datafs/admin
```

上述指令执行结束后，接着执行如下指令，切换当前终端用户为admin。

```
su - admin
```

切换用户后，采用如下指令启动Anaconda3的安装。

```
sh /datafs/admin/Anaconda3-2021.05-Linux-x86_64.sh
```

启动后，窗口将出现如下提示内容。

```
Welcome to Anaconda3 2021.05
```

```
In order to continue the installation process, please review the
    license agreement。
Please ,press ENTER to continue
>>>
```

出现上述信息后，按Enter键，窗口将打印输出检查许可信息。之后，连续按Enter键，直到出现如下信息。

```
Do you accept the license terms? [yes | no]
>>>
```

按照提示，在"＞＞＞"提示符后输入"yes"并按Enter键，会出现如下确认安装路径的提示信息。

```
Anaconda3 will now be installed into this location:
/home/admin/anaconda3
- Press ENTER to confirm the location
- Press CTRL-C to abort the installation
- Or specify a different location below
```

此处提示安装路径为"/home/admin/anaconda3"。在窗口中按Enter键，以确认该路径并启动安装。

安装后，系统提示是否初始化，信息如下。

```
Do you wish the installer to initialize Anaconda3 by running conda
    init?[yes|no]
```

可以在"＞＞＞"提示符后输入"yes"，然后按Enter键确认初始化。初始化完成后，当终端提示如下信息则说明Anaconda3安装完成。

```
Thank you for installing Anaconda3!
```

可以选择执行如下指令，取消终端自动激活虚拟环境。

```
conda config --set auto_activate_base false
```

Anaconda安装后，默认的base环境的Python版本为3.8.8。下面使用文件式和交互式两种方式演示基本的Python程序编写和执行方式。

【**例1-1**】创建并执行第一个 Python 程序文件。

在 home 文件夹下创建 workspace 目录，该目录将存储程序代码 hello.py。执行如下终端指令：

```
su - admin
cd workspace
touch hello.py
vi hello.py
```

在 vi 编辑环境下，按下 Insert 键，然后输入如下代码：

```
print("hello world!")
```

编辑完成后，在该目录下打开终端，激活默认虚拟环境，执行具体指令如下：

```
conda activate base
Python hello.py
```

执行转出结果如下：

```
hello world!
```

【**例1-2**】交互式执行第一个 Python 程序。

直接在终端输入如下指令，打开交互式编写模式。

```
python
```

执行后，终端将输出 ">>>" 提示符，输入如下程序代码：

```
print("hello world!")
```

输入完毕后按 Enter 键，则立即执行程序，输出结果如下：

```
hello world!
>>>
```

在 ">>>" 提示符后可以继续输入其他代码，然后再次按 Enter 执行输入的程序。这个过程与上述输出 "hello world!" 过程一致，不再赘述。

2. 安装 Web 编辑器

为便于远程使用 Python 开发环境，本任务中选择使用 Web 编辑器，其中最

微课 1-5：
安装 Web
编辑器

著名的工具就是 Jupyter Notebook。它本质上是一个 Web 应用程序，便于创建和共享程序文档，支持编写实时代码、数学方程和 markdown 文本等。

可以采用 pip 工具在线安装 Jupyter Notebook。pip 是一个现代、通用的 Python 模块管理工具，提供对 Python 模块的查找、下载、安装和卸载等功能。

安装时，首先通过终端输入 su 指令切换到 admin 账户，然后使用如下指令完成在线安装过程。

```
pip install pip -U
pip config set global.index-url https://pypi.tuna.tsinghua.edu.
    cn/simple
pip install jupyter notebook
```

为方便后续第三方模块的下载使用，可以通过配置 conda 镜像源和 pip 镜像源，加速第三方模块的下载过程。pip 镜像配置如上述代码第二行所示，conda 镜像源配置指令如下：

```
conda config --add channels https://mirrors.tuna.tsinghua.edu.cn/
    anaconda/pkgs/free/
conda config --add channels https://mirrors.tuna.tsinghua.edu.cn/
    anaconda/pkgs/main/
conda config --set show_channel_urls yes
```

为方便远程访问，通过在终端输入如下指令以生成 conda 的配置文件。

```
jupyter notebook --generate-config
```

为检查生成是否成功，可以通过如下指令查看 conda 列表个数。

```
conda list|wc -l
```

检查无误后，可以采用如下指令开放系统防火墙端口，以方便远程访问 Jupyter Notebook。

```
firewall-cmd --zone=public --add-port=8888/tcp --permanent
firewall-cmd --reload
firewall-cmd --list-ports
```

下面修改 jupyter_notebook_config.py 文件内容，配置远程访问控制信息。通过本地文本编辑工具打开 jupyter_notebook_config.py 文件，按照如下内容修改相关内容。

```
c.NotebookApp.ip = '*'
c.NotebookApp.token = '123456'
c.NotebookApp.open_browser = False
```

经过以上配置，系统将不对 IP 地址限制。登录的密码为 "123456"。

下面再简要介绍一下以服务形式启动 Jupyter Notebook 的方法。

首先输入如下指令创建一个存储目录。

```
mkdir -p /datafs/admin/notebook
```

然后进入该目录，执行如下任意指令完成后台服务启动 Jupyter Notebook。

```
nohup jupyter notebook >/tmp/ai1024-jupyter-notebook-20220226.log
   2>&1 &
nohup jupyter notebook >/dev/null 2>& 1 &
```

执行上述指令后，Jupyter Notebook 将会以静默服务方式启动。如果需要关闭该服务，可以先输入如下指令查看相关进程 ID。

```
ps -aux | grep jupyter
```

假设 Jupyter Notebook 当前进程 ID 为 54071，输入如下指令可以关闭该服务进程。

```
kill PID 54071
```

为了落实是否退出 Jupyter Notebook 服务进程，可以通过如下指令查看 Jupyter Notebook 进程或者查看 8888 端口。

```
ps -ef|grep jupyter|grep -v grep
netstat -antp|grep 8888
```

当需要退出 Anaconda3 模式时，可以执行如下指令。

```
conda deactivate
```

【例 1-3】创建 Jupyter 程序文件并执行程序。

在 workspace 目录下，使用如下指令启动 Jupyter Notebook。

```
cd workspace
```

```
jupyter notebook
```

执行后，终端将输出如下内容。

启动notebooks在本地路径：/home/admin
Jupyter Notebook 6.3.0 is running at:
http://192.168.100.128:8888?token=...
Or http://127.0.0.1:8888?token=...
使用control-c停止此服务器并关闭所有内核（两次跳过确认）

如果终端出现"could not locate runnable browser"提示，可以手动打开浏览器，复制输出在终端的链接地址，如"http://127.0.0.1:8888/"到浏览器地址栏中进行浏览。

页面打开后，单击"新建"按钮，在弹出的下拉菜单中选择"Python 3"命令，创建一个ipynb文件，如图1-13所示。

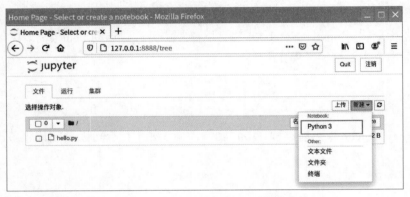

图 1-13　Jupyter Notebook 新建文件

然后在新建文件的单元格中输入Python程序，如图1-14所示。

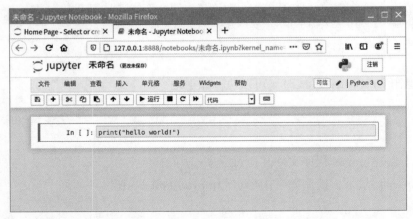

图 1-14　在 Jupyter Notebook 新建文件的单元格中输入程序

单击工具栏中的"运行"按钮，运行该单元格中的程序，效果如图 1-15 所示。

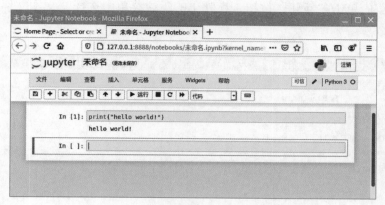

图 1-15　Jupyter Notebook 运行程序

单击页面标题处"未命名"部分，在弹出的"重命名笔记本"窗口中，可以修改文件名称，如图 1-16 所示。

图 1-16　修改文件名称

修改后，单击"重命名"按钮完成重命名。切换回"Home Page"页面，可以看到如图 1-17 所示文件结构。

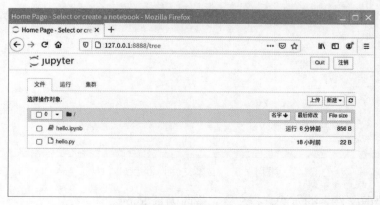

图 1-17　文件结构

在 Jupyter Notebook 中也可以编辑 Python 源代码文件。例如，创建一个新的 Python 源代码文件，需要首先单击"新建"按钮，在弹出的下拉菜单中选择"文本文件"命令，如图 1–18 所示。

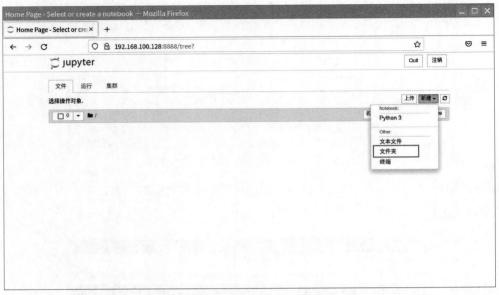

图 1–18   选择"文本文件"命令

此时 Jupyter Notebook 打开一个新的页面，该页面展示新建的文本文件，默认名称为 "untitled.txt"，如图 1–19 所示。

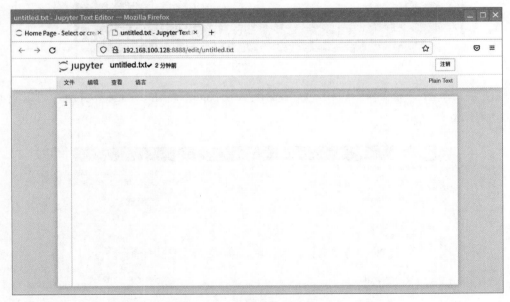

图 1–19   文本文件 untitled.txt

然后使用修改文件名的方法，将文件名修改为 hello.py。

项目实战　图书管理系统分析与设计

1. 业务描述

本书所涉及的图书管理系统，考虑到知识融入的前提，所以业务逻辑比较简单。本系统主要设计实现了图书信息维护、借还书信息管理和人员信息维护等功能，如图1-20所示。

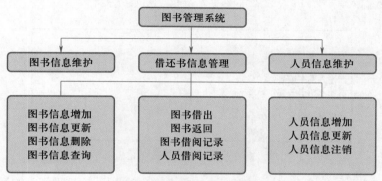

图 1-20　系统功能模块结构

本系统根据功能划分，结合知识讲述的前后关系逻辑，具体功能单元将包括图书管理系统菜单设计与实现、管理员登录设计与实现、系统子菜单设计与实现、图书信息维护设计与实现、借还书信息管理设计与实现、人员信息维护设计与实现、图书借阅记录设计与实现等。

2. 系统流程

当管理员打开系统程序后，将进入系统欢迎界面，如图1-21所示。

图 1-21　系统欢迎界面

按Enter键后，需要验证管理员身份，此时输入管理员账户和密码才可以继续进入。登录验证通过后将进入系统主菜单页面，如图1-22所示。

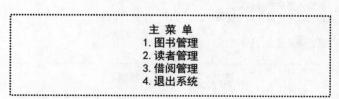

图 1-22　主菜单界面

在主菜单中输入"1"后，将进入图书管理子菜单，如图1-23所示。

```
1. 添加图书
2. 删除图书
3. 查询图书
4. 修改图书
5. 返回上级
```

请输入选项（1/2/3/4/5）：

图 1-23   图书管理子菜单界面

在该菜单下输入"1"，进入"添加图书"界面，如图1-24所示。

```
添加图书

请输入图书编号：001
请输入图书名称：诗经

是否确认提交（y|n）：
```

图 1-24   添加图书界面

添加图书完成后，可以按Enter键返回上级菜单。关于图书管理菜单的其他功能，将根据后续内容进行介绍。

在主菜单中输入"2"后，将进入读者管理子菜单，如图1-25所示。

```
1. 添加读者
2. 删除读者
3. 查询读者
4. 修改读者
5. 返回上级
```

请输入选项（1/2/3/4/5）：

图 1-25   读者管理子菜单界面

在该菜单下，输入"1"进入"添加读者"界面，如图1-26所示。

```
添加读者

请输入用户编号：001
请输入用户姓名：张三
请输入用户所在系：计算机

是否确认提交(y|n)：
```

图 1-26   添加读者界面

添加读者完成后，可以按Enter键返回上级菜单。关于读者管理菜单的其他功能，将在后续内容进行介绍。

在主菜单中输入"3"后，将进入借阅管理子菜单，如图1-27所示。

在该菜单下输入"1"，进入"借阅图书"界面，如图1-28所示。

借阅完成后，可以按Enter键返回上级菜单。关于借阅管理菜单的其他功能，将根据后续内容进行介绍。

```
1. 借阅图书
2. 归还图书
3. 查询记录
4. 逾期罚款
5. 返回上级

请输入选项（1/2/3/4/5）：
```

图 1-27　借阅管理子菜单

```
***************************借阅图书***************************
请输入读者编号：302101232
请输入图书编号：13230033003

***************************借阅成功***************************
```

图 1-28　借阅图书界面

项目小结

本项目主要介绍了 Python 语言的发展历史、语言特点和常见应用领域；另外还介绍了采用国产openEuler操作系统平台搭建开发环境的方法，包括操作系统安装、桌面系统安装、虚拟环境安装和编辑工具安装等；最后，通过系统分析，介绍了图书管理系统的整体模块划分和基本功能。

习题

习题答案

一、选择题

1. 按照本课程内容的目标环境安装过程包括（　　　　）。

　　A. openEuler环境安装　　　　　　　　B. 安装深度桌面

　　C. 建立虚拟环境　　　　　　　　　　　D. 安装Jupyter Notebook

2. pip 常见指令包括（　　　　）。

　　A. pip install　　　　　　　　　　　　B. pip freeze

　　C. pip unfreeze　　　　　　　　　　　D. pip uninstall

二、判断题

1. Python 比 C 语言执行效率高。　　　　　　　　　　　　　　（　　）
2. Python 3 完全兼容 Python 2。　　　　　　　　　　　　　　（　　）

三、填空题

1. Python 程序运行方式包括_____和_____。
2. openEuler 是基于_____内核开发的操作系统。
3. deepin 国产桌面系统的中文名称是_____操作系统。

项目2
实现系统启动界面和欢迎信息

良好的系统离不开友好的系统交互，本项目中使用Python语言设计图书管理系统的启动界面，实现用户信息登录并输出欢迎信息。内容涉及基本数据类型、变量的使用，运算符和表达式的使用，以及用户信息的输入和欢迎信息的输出。

本项目学习目标

知识目标
◆ 熟悉Python语言的基本数据类型。
◆ 掌握Python语言的变量。
◆ 熟悉Python语言的运算符，并能熟练进行算术运算。
◆ 了解Python语言的表达式。
◆ 熟悉输入/输出函数参数。

技能目标
◆ 掌握常用基本数据类型。
◆ 掌握运算符的用法。
◆ 掌握系统的输入/输出方法。

素养目标
◆ 在字符串和运算符的案例学习中，培养对中华优秀传统文化的理解和传承意识，增强文化自信并开拓国际视野。
◆ 本案例的实践内容需要耐心仔细的代码练习，从而培养细致缜密的工作态度，不惧困难，树立"怀抱梦想又脚踏实地"的理想信念。
◆ 在完成项目任务的过程中激发团队协作精神，锻炼沟通交流和书面表达能力。

任务 2.1　设置系统版本信息

设置系统
版本信息

任务描述

本任务是系统实现的第一个任务，目标是完成系统版本信息的设置。版本信息包括系统版本号和系统版本信息长度，这两个基本内容将会在系统启动时决定版本信息显示的内容和格式。

本任务通过对 Python 语言中常用基本数据类型、变量定义、表达式和语句的学习和应用，使学习者能够掌握 Python 语言的基本语法和使用规范，养成良好的编程习惯，并为进一步学习复杂语句相关内容打下坚实的基础。

2.1.1　标识符与关键字

在图书管理系统开发过程中，往往需要使用某些符号定义一些具有特定用途的名称，方便程序开发者之间的沟通交流，如需要定义读者信息、图书名称等，这些符号或名称就叫作标识符。例如，在英文中会使用 square 等不同的单词代表图形，提到对应单词自然联想到对应图形，如图 2-1 所示。

微课 2-1：
标识符与
关键字

square

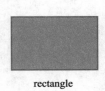
rectangle

circle

triangle

图 2-1　形状名称标识

在定义标识符时需要满足以下约定：

① 标识符由英文字母、数字、下画线(_)组成，一般是一个或多个单词的组合。其中，英文字母包含（A ~ Z）和（a ~ z），数字包含 0 ~ 9。

② 标识符的第 1 个字符不能是数字（即标识符不能以数字开头，如 3name 是非法的）。

③ 标识符严格区分大小写，如 Book 和 book 是不同的标识符。

④ 标识符不能包含空格。

⑤ 不允许使用 Python 中的关键字作为标识符，如 class。

在定义标识符时，应注意以下几个方面：

① 在命名过程中最好做到见名知意，方便程序阅读。

② 慎用小写字母 l 和大写字母 O，因为它们容易被错看成数字 1 和 0。

③ 变量名、函数名、模块名一般使用小写的一个或用下画线相连的多个单词的组合（如 book_name）。

④ 常量名一般是大写的一个单词或用下画线相连的多个单词的组合（如 PI = 3.1415926），

类名一般是大写字母开头（如Reader）。

上文中提到的关键字是指Python中已经被定义好的赋予了特殊功能和含义的单词，共35个，见表2-1。

表2-1　关　键　字

False	None	True	and	as	assert	async
await	break	class	continue	def	del	elif
else	except	finally	for	from	global	if
import	in	is	lambda	nonlocal	not	or
pass	raise	return	try	while	with	yield

这些关键字不允许被开发者作为自定义的标识符使用，查看方法如下。

```
import keyword
print(keyword.kwlist)                        # 输出函数
```

随着图书管理系统的开发，程序代码越来越多，为了方便不同的开发人员快速熟悉代码，需要在开发过程中合理添加注释。使用注释可以提高代码的可读性，注释在程序解析时会被解释器忽略，如果代码中有大量注释，可能会减慢编译时间，但不会影响执行时间。

在Python中有单行注释和多行注释两种。

（1）单行注释

Python中用"#"表示单行注释。单行注释可以放在语句或表达式之后，用于解释说明当前行；也可以单独成行放在被注释代码行上方，解释说明其后的代码含义和功能，例如上面代码中的注释。

为了保证代码的可读性，建议在"#"后面添加一个空格，再添加注释内容。对于单行注释放在语句或表达式之后时，建议注释和语句之间至少添加两个空格。

（2）多行注释

当给一行无法显示的较多内容添加注释时，可以使用多行注释。注意Python本身是不带多行注释的，但可以使用3个单引号（'''）或3个双引号（"""）将需要注释的多行内容括起来，程序在编译时不会对括号内的文字进行解析，其作用主要是用来说明函数或类的功能及参数含义。例如，关键字False的说明文档：

```
print(False.__doc__)
"""
Returns True when the argument x is true, False otherwise.
The builtins True and False are the only two instances of the class
    bool.
```

```
The class bool is a subclass of the class int, and cannot be
    subclassed.
"""
```

需要注意的是，注释不是越多越好。对于功能简单的代码，一般无须添加注释。对于复杂的操作，在操作开始前添加注释即可。

除了添加注释，在 Python 中一般也使用缩进格式来明确代码之间的层次逻辑关系。可以使用 Tab 和空格键来控制缩进量，首选使用空格键控制缩进，4 个空格代表一级缩进。

【例 2-1】代码缩进。

```
if 1:
    print('True')
```

Python 语句中一般以新的一行作为语句的结束符。可以使用斜杠（\）将比较长的一行语句分为多行显示，例如：

```
sum = num1 + \
    num2 + \
    num3
```

若语句中包含 []、{} 或 () 括号就不需要使用多行连接符。官方建议每行代码不超过 79 个字符，代码过程可借助 []、{} 或 () 进行隐式链接，例如：

```
week = {'Monday', 'Tuesday', 'Wednesday',
    'Thursday', 'Friday'}
```

2.1.2　基本数据类型

各种编程语言所支持的数据类型不同。Python 中按照数据存储方式的不同，可以分为基本数据类型和组合数据类型，其中基本数据类型又分为数字、字符串，组合数据类型则分为列表、元组、集合、字典。

微课 2-2：
基本数据
类型

1. 基本数据类型

（1）数字类型

数字（Number）类型是最基本的一种数据类型，又分为以下几种。

① 整型（int）：通常也称为整数，包括正整数、负整数和 0，不带小数点，如 −3、100 等。Python 3 中的整数没有长度限制，有十进制数、十六进制数、八进制数、二进制数之分。

十进制数就是数学中的一般写法，可以使用 int() 函数将数字转换为十进制数。

【例2-2】二进制数转换为十进制数。

```
x = 0b1011              #二进制数转十进制数
int(x)                 #输出十进制数11
```

十六进制数（Hexadecimal）写法：加前缀 0x 或者 0X，是 0~9 和 A~F 的数字和字母组合。可以使用hex( )函数将数字转换为十六进制数。

【例2-3】二进制数转换为十六进制数。

```
x = 0b1011              #二进制数转十六进制数
hex(x)                 #输出十六进制数 0xb
```

八进制数（Octal）写法：加前缀 0o 或者 0O，是 0~7 数字的组合。可以使用oct( )函数将数字转换为八进制数。

【例2-4】二进制数转换为八进制数。

```
x = 0b1011              #二进制数转八进制数
oct(x)                 #输出八进制数 0o13
```

二进制数（Binary）写法：加前缀 0b 或者 0B，只有 0 和 1 数字组合。可以使用bin( )函数将数字转换为二进制数。

【例2-5】十进制数转换为二进制数。

```
x = 11                 #十进制数转二进制数
bin(x)                 #输出二进制数 0b1011
```

综上所述，通过函数int( )、hex( )、oct( )及bin( )可以实现各种数制之间的灵活转换。

② 浮点型（float）：由整数部分与小数部分组成，也可以使用科学计数法表示，格式为 $a\mathrm{E}+n$（表示 $a \times 10^n$）。Python中浮点数能保证15位的准确性，超过15位会产生误差，必须以十进制数表示，不能加前缀，否则会报语法错误。可以使用float( )函数将整型转换为浮点型。

【例2-6】浮点数举例。

```
a = 1.85               #正小数
b = 10.5E-6            #科学记数法
c = -9.7E-10
float(425)            #整型转换为浮点型425.0
```

需要注意的是，如果使用int( )函数将浮点型数据转换为整型数据将只保留整数部分，会引起数据的丢失，降低数据的精度。

③ 复数 (complex)：由实数部分和虚数部分构成，可以用 $a + bj$ 或者 complex(a,b) 表示，复数的实部 a 和虚部 b 都是浮点型。可以使用complex( )函数将数字转为复数类型。

【例2-7】复数举例。

```
num1 = 5.5 + 3.2j
num2 = 8
complex(num2)          #将整型转化为复数类型8+0j
```

④ 布尔型（bool）：就是人们常说的逻辑型，只有真和假两个值，True即1，False即0。可以使用bool( )函数将给定参数转换为布尔类型，如果没有参数，返回 False。

【例2-8】常见 False 值举例。

```
bool(None)          #False
bool(0)             #False
bool('')            #False
bool([])            #False
```

综上所述，任何数字类型的0、空序列、空字典、空字符串等都可以转换为False。

由于不同的数据类型之间不能直接进行运算，因此需要进行数据类型转换。Python中的数据类型转换有两种方式：一种是自动类型转换，即Python在运算中会自动地将不同类型的数据转换为操作数中的最高精度级别，从而保证所有操作数数据类型一致；另一种是强制类型转换，即需要基于不同的开发需求，强制将一种数据类型转换为另一种数据类型。

自动类型转换：针对 Number 数据类型，当两个不同类型的数据进行运算时，结果会向更高精度进行计算，精度等级为布尔型 < 整型 < 浮点型 < 复数型。

强制类型转换则需要使用类型函数。例如，直接进行整型和字符串类型数据运算结果会报错，输出 TypeError，即Python在这种情况下无法进行自动类型转换。可以使用str( )函数将整型转化为字符串后再运算，int( )、float( )、complex( ) 等预定义函数都是执行显式类型转换。表2-2中内置的函数可以执行数据类型之间的转换。

表 2-2　数据类型之间的转换函数

函　　数	描　　述
int(x)	将参数 x 转换为一个整数
long(x)	将参数 x 转换为一个长整数
float(x)	将参数 x 转换到一个浮点数

续表

函　　数	描　　述
complex(real [,imag])	创建参数一个复数
str(x)	将参数 x 转换为一个字符串
repr(x)	将参数 x 转换为表达式字符串
tuple(s)	将序列 s 转换为元组
list(s)	将序列 s 转换为列表
set(s)	将序列 s 转换为集合
dict(d)	创建字典，d 必须是键值对序列
hex(x)	将一个整数转换为一个十六进制字符串
oct(x)	将一个整数转换为一个八进制字符串

（2）字符串类型

字符串（String）是由一串字符组成的，在Python中用成对的单引号、双引号或三引号括起来，用3个单引号或双引号可以使字符串内容保持原样输出（即前面介绍过的常用于多行注释），可以包含回车等特殊字符。

【例2-9】字符串定义。

```
str1 = 'hello python'
str2 = "hello python !^_^!"
str3 = '''hello
    python'''
print(str1)                #输出函数
print(str2)
print(str3)
```

执行上述代码，将输出如下结果：

```
hello python
hello python !^_^!
hello
    python
```

2. 组合数据类型

（1）列表

列表（List）是一种可修改的集合类型，可以包含数字、String等基本类型，也可以是列表、元组、字典等集合对象，甚至可以是自定义的类型。列表使用[]创建，包含的元素用逗号分隔。

【例2-10】列表义。

```
list1 = []              #空列表
list2 = [10, 16.8, 'python', '不忘初心']
```

（2）元组

元组（Tuple）和列表一样也是一种序列，可以包含任意数量和类型的元素。但与列表不同的是，元组是不可修改的，即创建后就不可进行任何元素修改。操作列表使用()创建，包含的元素用逗号分隔。

【例2-11】元组的定义。

```
tuple1 = ()             #空元组
tuple2 = (1,  'python*_*', '牢记使命')
```

（3）集合

集合（Set）是一个无序的且不重复元素的序列，集合中的元素必须是不可变类型。可以使用{}或 set()函数创建集合。需要注意的是：创建一个空集合必须用set()函数而不是{}，因为在Python中{}用来创建一个空字典。

【例2-12】集合定义。

```
set1 = {666,  '编程基础'}
set2= set()             #空集合
```

（4）字典

字典（Dictionary）是键值对的组合，每个键都有一个值相对应，表现形式为{键1:值1，键2:值2}，键值对用冒号隔开，每对键值对用逗号隔开，键必须是唯一的，且必须是不可变的。

【例2-13】字典定义。

```
dic1 = ()               #空字典
{'name' : '李白', 'speciality':'诗人'}
```

2.1.3 变量和常量

1. 变量

变量其实是通过一个标识符调用内存中的值，这个标识符的名称就是变量

微课 2-3：
变量和常量

名。就像学生宿舍的宿舍号是变量名，这个宿舍是内存，宿舍成员是内存中的数据，可以通过宿舍号访问到宿舍成员。建立变量名到数据的联系，可以通过 "=" 进行数据的内存地址分配，例如：

```
book_name =  'Python 编程基础'
```

以上示例就是在变量 book_name 对应的内存单元中放入字符串 "Python 编程基础"，可以通过变量名 book_name 访问到该字符串。与其他编程语言不同，Python 没有专门声明变量的命令，需要在首次为其赋值时，才会创建变量。Python 允许在一行中为多个变量赋值：

```
x, y, z = "博学之", "慎思之", "笃行之"
print(x)              #输出函数
print(y)
print(z)
```

执行上述代码，将输出如下结果：

```
博学之
慎思之
笃行之
```

Python 也可以在一行中将相同的值分配给多个变量：

```
x = y = z = "厚德载物"
print(x)                #输出函数
print(y)
print(z)
```

执行上述代码，将输出如下结果：

```
厚德载物
厚德载物
厚德载物
```

2. 常量

与变量相对，常量是指在程序执行期间不会改变的值或数量。Python 内置的常量只有 6 个，分别是 True、False、None、NotImplemented、Ellipsis 和 __debug__。其他的变量名想定义为常量就要用大写字母。纯大写变量名为常量定义名，Python 里面没有常量的关键字。

在编程中，定义常量后只能访问常量的值，不能更改它。这与变量不同，变量允许访问其值，也允许重新赋值。使用常量可以提高程序的可读性，因为在程序中使用某个值的描述性名称，始终会比使用值本身更具可读性和明确性。例如，PI 代表圆周率，比使用具体某个数字更容易阅读和理解。

2.1.4　表达式和运算符

1. 表达式

表达式是 Python 程序中最常见的代码，它是各种数据类型的数据、变量和运算符按照一定规则连接起来的合理组合。表达式由运算符 (Operators) 和操作数 (Operands) 组成，可以被求值，因此可以放在赋值语句的右侧。

微课 2-4：
运算符和
表达式

【例 2-14】字符串定义。

```
x = 3              #将3赋值给x
y = x + 4          #将表达式x+4 的值赋值给y,x和4是操作数,+是运算符
z = x > 5          #将表达式 x>5的值赋值给z
print(x)           #输出函数
print(y)
print(z)
```

执行上述代码，将输出如下结果：

```
3
7
False
```

2. 运算符

运算符是实现操作数之间运算的特殊符号，按操作数的数量进行分类，可以分为单目运算符和双目运算符；按照运算功能进行分类，则可以分为算术运算符、赋值运算符、关系运算符、逻辑运算符、成员运算符、身份运算符和位运算符等。和数学中一样，运算符也有优先级。关系运算符和逻辑运算符将在项目 3 中介绍，下面先介绍其他几种常用运算符。

（1）算术运算符

与数学中的算术运算符类似，Python 中的算术运算符用于数值类型的变量或常量间的算术运算，包含 +、−、*、/、%、**、//。以操作数 a = 8、b = 10 为例，算术运算符的描述和示例见表 2−3。

表 2-3　算术运算符功能描述和示例

运算符	描　　述	示　　例
+	加：正数或两操作数相加	a+b 输出结果 18
−	减：负数或两操作数相减	a−b 输出结果 −2
*	乘：两个操作数相乘或是返回一个被重复若干次的字符串	a*b 输出结果 80
/	除：b 除以 a，获取商	b/a 输出结果 1.25
%	取模：b 除以 a，获取余数	b%a 输出结果 2
**	幂：b 的 a 次幂	b**a 为 10 的 8 次方，输出结果 100000000
//	取整除：b 除以 a，获取商的整数（向下取整）	b//a 输出结果 1

算术运算符进行四则运算时，要遵循数学中的"先乘除后加减"，相同级别从左向右一次计算。当操作数为不同数据类型时，将操作数进行临时数据类型转换，其原则是：

① 整型和浮点型进行混合运算，结果为浮点型。

② 其他数据类型和复数类型混合运算，结果为复数类型。

【例2-15】算术运算。

```
x = 3.9 + 0.5
print(x)                #输出函数
y = 7 - (2 - 3j)
print(y)
```

执行上述代码，将输出如下结果：

```
4.4
(5+3j)
```

当运算符"+"两端都是字符串时，就是把两个操作数字符串连接起来，实现两个字符串的拼接。

【例2-16】字符串"+"运算。

```
x = '学如逆水行舟' + '不进则退'
print(x)                #输出函数
```

执行上述代码，将输出如下结果：

```
学如逆水行舟不进则退
```

（2）赋值运算符

赋值运算符将运算符右边的结果赋值给左边的变量。以操作数 a=8、b=10 为例，赋值运算符的描述和示例见表 2-4。

表 2-4　赋值运算符功能描述和示例

运算符	描　　述	示　　例
=	简单的赋值	a = 8, b = 10
+=	先加法再赋值	b += a 等效于 b = b + a，结果 b = 18
-=	先减法再赋值	b -= a 等效于 b = b - a，结果 b = 2
*=	先乘法再赋值	b *= a 等效于 b = b * a，结果 b = 80
/=	先除法再赋值	b /= a 等效于 b = b / a，结果 b = 1.25
%=	先取模再赋值	b %= a 等效于 b = b % a，结果 b = 2
**=	先幂运算再赋值	b **= a 等效于 b = b ** a，结果 b = 100000000
//=	先取整除再赋值	b //= a 等效于 b = b//a，结果 b = 1

需要注意的是，"="是最基本的赋值运算符，而不是数学中的相等关系。通过"="赋值运算符可以同时对多个变量进行赋值。

```
a = b = c = 2.3       #为三个变量同时赋值
```

（3）成员运算符

成员运算符 in 与 not in 是 Python 独有的运算符，用于判断对象是否为某个集合中的元素。该运算符的运行速度很快，返回的结果是布尔值类型的 True 或者 False，其功能描述见表 2-5。

表 2-5　成员运算符功能描述

运算符	描　　述
in	如果对象在指定的序列中则返回 True，否则返回 False
not in	如果对象不在指定的序列中则返回 True，否则返回 False

成员运算符的用法如下：

```
a = 'Knowledge is power.'
b = 'power'
print(a in b)
print(a not in b)
```

执行上述代码，将输出如下结果：

```
True
False
```

（4）身份运算符

身份运算符用于比较两个对象的内存地址是否一致，可以使用id( )函数获取对象的内存地址，其功能描述见表2-6。

表2-6　身份运算符功能描述

运算符	描　　述
is	is 是判断两个对象的内存地址是否一致，一致返回 True
is not	is not 是判断两个对象的内存地址是否不一致，不一致返回 True

以操作数a = 8、b = 10、c=a为例，a和b这两个变量存储的内容不一样，所以存储单元肯定不一致，但是c和a这两个变量的内存地址其实是一致的。身份运算符的用法如下：

```
a = 8
b = 10
c = a
print(a is b)
print(a is c)
```

执行上述代码，将输出如下结果：

```
False
True
```

假设a和b都为列表，这两个变量的存储内容一样：

```
a = [1, 2, 3]
b = [1, 2, 3]
c = a
print(a is b)
print(a is c)
```

执行上述代码，将输出如下结果：

```
False
```

```
True
```

通过这个结果可知，a和b引用的对象是不一致的，所以a is b输出的结果是False，虽然列表b跟a一模一样，但是分配的内存地址不同；而c和a的内存地址则是一样的，即不会重新分配内存，所以a is c输出结果为True。列表、元组都有这样的内存分配特点。

下面简单介绍一下is与"=="的区别。is是身份操作符，用来判断两个操作数内存地址是否相等；"=="是比较运算符，用来判断两个操作数值是否相等。例如：

```
a = [1, 2, 3]
b = [1, 2, 3]
print(a == b)          #结果为True
```

（5）位运算符

位运算符是把数字进行二进制按位逻辑计算，操作数为整数，其功能描述见表2-7。

表2-7　位运算符功能描述

运算符	描　　述
&	按位与运算符：如果两个操作数的相应位都为1，则该位的结果为1，否则为0
|	按位或运算符：如果两个操作数的相应位其中一个为1，则结果位为1，否则为0
^	按位异或运算符：两个操作数的相应位相异时，结果为1；相同时，结果为0
~	按位取反运算符：对操作数的每个二进制位取反，即把1变为0，把0变为1
<<	按位左移运算符：操作数的各二进制位全部左移若干位，由运算符右边的数字指定移动的位数，高位溢出则丢弃，低位补0
>>	按位右移运算符：操作数的各二进制位全部右移若干位，同样由运算符右边的数字指定移动的位数，低位移出则丢弃，高位补0

1）按位与运算符。两个操作数相应位进行"与"操作，如都为1，则该位的结果为1，否则为0。以操作数a = 8、b = 10为例，计算过程如图2-2所示。

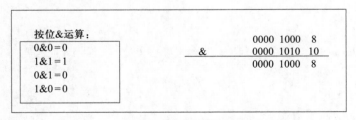

图2-2　按位与

2）按位或运算符。两个操作数相应位进行"或"操作，如其中一个为1，则该位的结果为1，否则为0。以操作数a = 8、b = 10为例，计算过程如图2-3所示。

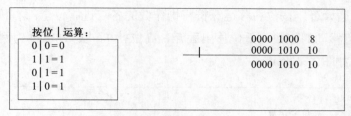

图 2-3　按位或

3）按位异或运算符。两个操作数的相应位进行"异或"操作，相应位相异时，结果为1；相同时，结果为0。以操作数 a = 8、b = 10 为例，计算过程如图2-4所示。

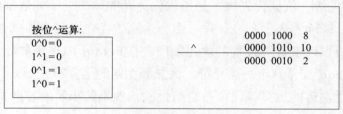

图 2-4　按位异或

4）按位取反运算符。对操作数的每个二进制位取反，即把1变为0，把0变为1。首先需要获得操作数的补码，将补码按位取反，再将取反结果转为原码。以操作数 a = 8 为例，计算过程如下：

① 正数8的原码 = 反码 = 补码，8的补码为00001000。

② 对00001000补码按位取反，得到11110111。

③ 对11110111转换为原码，符号位不变，其他位取反后 +1 得到原码，即10001001，对应十进制数为 −9，如图2-5所示。

图 2-5　按位取反

5）按位左移运算符。按位左移运算符将操作数的各二进制位全部左移若干位，由运算符右边的数字指定移动的位数，高位溢出丢弃，低位补0。以8<<4为例，最终结果为128，即8扩大 2^4 倍，如图2-6所示。

图 2-6　按位左移

6）按位右移运算符。按位右移运算符将操作数的各二进制位全部右移若干位，由运算符右边的数字指定移动的位数，低位移出丢弃，高位补0。以128>>4为例，最终结果为8，即128缩小2^4倍，如图2-7所示。

图2-7　按位右移

7）操作符优先级。所谓优先级，是指优先计算的顺序。例如数学中的加、减、乘、除基本四则运算，乘除要先于加减计算，因为乘除的优先级高于加减。其中，小括号拥有最高优先级，可以改变计算过程的优先顺序。在Python中也是如此，计算顺序不同，其结果不同。Python 支持几十种运算符，优先级相同的运算符需要去判断要先执行哪一个，如果是先执行左边的运算符，称为左结合性，如果是相反的方向执行，则称为右结合性，见表2-8。

表 2-8　运算符优先级列表

优先级	说　明	运算符	结合性
19	小括号	()	无
18	索引运算符	x[i]	左
17	属性访问	x.attribute	左
16	乘方	**	右
15	按位取反	~	右
14	符号运算符	+（正号）、-（负号）	右
13	乘除	*、/、//、%	左
12	加减	+、-	左
11	位移	>>、<<	左
10	按位与	&	右
9	按位异或	^	左
8	按位或	|	左
7	比较运算符	==、!=、>、>=、<、<=	左
6	is 运算符	is、is not	左
5	in 运算符	in、not in	左
4	逻辑非	not	右
3	逻辑与	and	左

续表

优先级	说　明	运算符	结合性
2	逻辑或	or	左
1	逗号运算符	exp1, exp2	左

在Python表达式运算过程中，先考虑运算符的优先级，按照优先级由高到低的顺序计算。如果优先级级别一样，再根据结合性决定计算顺序：如果是左结合性就先执行左边的运算符，如果是右结合性就先执行右边的运算符。例如：

```
a = 8
b = 10
c = 2
r1 = a + b // c
r2 = a % b ** c
print(r1)
print(r2)
```

执行上述代码，将输出如下结果：

```
13
8
```

8）转义字符。转义字符由反斜杠（\）加上一个字符或数字组成，反斜杠后面的字符或数字转换成特定的意义，各转义字符含义见表2-9。

表2-9　转义字符列表

转义字符	说　明	转义字符	说　明
\n	换行符	\"	双引号
\t	横向跳格	\r	回车
\\	反斜杠	\b	退格

使用表2-9中转义字符，示例如下：

```
print('1. come\non')          #\n -->newline的首字母表示换行
print('2. come\ton')          #\t -->tab的首字母表示制表符
print('3. come\ron')          #\r -->return的首字母表示返回
print('4.come\bon')           #\b -->backspace的首字母表示退一个格
```

```
print('http:\\\\www.baidu.com')
print('大声说:\"你好\"')
```

执行上述代码，将输出如下结果：

```
1. come
on
2. come on
on
4. comon
http:\\www.baidu.com
大声说:"你好"
```

注意 \n 和 \r 的区别：\n 表示换行（Newline），\r 表示回车（Carriage Return）。\n 用于将光标移动到下一行的开头位置，即在新的一行开始后续输出的内容。\r 用于将光标移动到当前行的开头位置，后续输出的内容将覆盖当前行的内容。

2.1.5　任务实现

本任务主要实现图书管理系统的设置版本信息功能。系统版本信息的定义有两个变量，ver 表示版本号，ver_len 表示版本号长度，定义如下：

```
ver = 1.1
ver_len = 11
```

任务 2.2　显示系统欢迎信息

显示系统
欢迎信息

任务描述

前面任务已经实现了版本信息的维护，本任务的目标是在此基础上实现系统启动时显示欢迎信息。当系统被加载并开始执行时，将首先输出欢迎信息，内容包含欢迎语、版本、年份和单位等。这些信息将根据预设的基本信息和格式要求完成输出显示。

本任务通过学习基本输入/输出函数的应用，使学习者在完成显示欢迎信息功能的同时，进一步强化基本类型、表达式和语句的使用技巧，同时掌握基本输入/输出函数对控制程序执行和输出的使用方法。

2.2.1   输入函数 input ()

input( )函数可以获取用户从键盘输入的字符，在获取信息后，Python将其以str（字符串）类型的形式存储在一个变量中，方便后面使用。语法格式如下：

```
input(tips[])
```

参数说明：

● tips表示提示信息，一般用引号引起来提示输出。

2.2.2   输出函数 print ()

微课 2-5：
输入输出
函数

print( )函数可以实现向控制台输出数据，语法格式如下：

```
print(value, ..., sep=' ', end='\n', file=sys.stdout, flush=False)
```

参数说明：

● value 参数可以接受任意多个变量或值。

● sep 参数设定分隔符，默认分隔符为空格。

● end 参数的默认值是"\n"，因此在默认情况下，print( ) 函数输出之后总会换行。

● file 参数指定 print( ) 函数的输出目标，默认值为 sys.stdout，该默认值为系统标准输出，即屏幕，因此 print( ) 函数默认输出到屏幕。

● flush 参数用于控制输出缓存，该参数一般为 False 即可。对于以上"sep=' ', end='\n', file=sys.stdout, flush=False"，一般使用默认值。

【例2-17】输出参数设置。

```
print("www","baidu","com",sep=".", end='\n')  #设置间隔符  www.
    baidu.com
```

【例2-18】利用输入输出函数实现计算长方形面积。

```
length = int(input("请输入长方形长度:"))
width = int(input("请输入长方形宽度:"))
area = length * width
print(area)
```

执行上述代码，将输出如下结果：

请输入长方形长度:10

```
请输入长方形宽度:8
80
```

对于以上代码需要说明的是，input("请输入长方形长度:")输入获得的是字符串"10"，需要使用int()函数将字符串转化为整型用于计算长方形面积，最后将计算结果输出。

2.2.3 格式化输出

微课 2-6：
格式化输出

1. 使用 % 格式化输出

可以使用print()函数对不同类型数据进行格式化输出，如以下示例。

【例2-19】%d格式化输出整数。

```
age = 20
print("我的年龄是 %d"%(age)+"岁")
```

执行上述代码，将输出如下结果:

```
我的年龄是 20岁
```

【例2-20】%f格式化输出浮点数。

```
x = 0.5
print("浮点数是 %f" %x)
```

执行上述代码，将输出如下结果:

```
浮点数是 0.500000
```

【例2-21】格式化输出指定占位符宽度。

```
i = 1.256157
print("10位保留字段宽度%10f"%(i))
print("保留2位小数输出%.2f"%(i))
```

执行上述代码，将输出如下结果:

```
10位保留字段宽度   1.256157
保留2位小数输出1.26
```

上例中%10f表示字段宽度最小为10，注意字段宽度中小数点也占一位，因此左侧补齐两个空格。

【例2-22】格式化输出字符串。

```
name = "李白"
print("我的名字是%s " % name)
```

执行上述代码，将输出如下结果：

我的名字是李白

Python中常用的格式符见表2-10。

表2-10　格　式　符

符　　号	描　　述
%c	将数据格式化为字符
%s	将数据格式化为字符串
%d	将数据格式化为整数
%u	将数据格式化为无符号整型
%o	将数据格式化为无符号八进制数
%x	将数据格式化为无符号十六进制数
%f	将数据格式化为浮点数字，可指定小数点后的精度
%e	将数据用科学记数法格式化为浮点数

输出过程中常用的符号见表2-11。

表2-11　格式化输出常用符号

符　　号	功　　能
–	左对齐
+	正数前显示加号（+）
<sp>	正数前显示空格
0	显示的数字前填充 '0' 而不是默认的空格
%	'%%' 输出一个单一的 '%'
m.n	m 是显示的最小总宽度，n 是小数点后精确的位数

2. 使用 format() 函数格式化输出

由于使用 % 在格式化输出过程中，数据类型需要严格匹配，而 % 在替换中容易发生遗漏，从而造成数据输出不灵活、不直观。为了更方便、快捷地格式化输出，可以选择

format( )函数。该函数使用一对花括号 {} 作为占位符，用于表示要插入值的位置。以下是 format( )函数的基本用法示例：

```
str.format(valus)
```

参数说明：
·str 表示待格式化的字符串，包含单个或多个 {} 占位符。
·values 表示单个或多个待替换的真实值，多个值可用逗号隔开。
【例2-23】格式化输出字符串。

```
name = "杜甫"
age = 25
print("My name is {}, and I'm {} years old.".format(name, age))
```

执行上述代码，将输出如下结果：

```
My name is 杜甫, and I'm 25 years old.
```

从以上结果可以看出，在没有指定数据类型的情况下，第1个 {} 输出了字符串 name 的值，第2个 {} 输出了整数 age 值，且 Python 解释器能够从左到右的顺序依次将 {} 替换为真实值。若待处理字符串中含有较多个 {} 占位符，可以将 {} 进行编号，占位符和真实值都从0开始排序，在取值时解释器将按编号取对应序号的真实值，例如：

```
name = "杜甫"
age = 25
profession = 'poet'
str = "My name is {0}, and I'm {1} years old.I am a {2}."
print(str.format(name, age, profession))
```

执行上述代码，将输出如下结果：

```
My name is 杜甫, and I'm 25 years old.I am a poet.
```

从以上结果可以看出，{0}、{1}、{2} 依次被真实值 name、age、profession 替换。还有一种更直观的写法，即直接用真实值的名称替换 {} 中的变量，例如：

```
name = "杜甫"
age = 25
```

```
profession = 'poet'
str = "My name is {name}, and I'm {age} years old.I am a {profession}."
print(str.format(name = name, age = age, profession = profession ))
```

执行上述代码，将输出如下结果：

```
My name is 杜甫, and I'm 25 years old.I am a poet.
```

可以看出，该方法更加直观地避免了占位符序号与真实值索引不对称的问题。

3. 使用 f-string 格式化输出

在Python中，还可以使用f-string（格式化字符串字面值）来进行字符串的格式化输出。f-string是一种方便且直观的字符串格式化方法，它使用花括号{}和前缀字母f来表示要插入的值。以下是f-string的基本用法示例：

```
F('{变量名}')　或　f('{变量名}')
```

【例2-24】f-string格式化输出字符串。

```
name = "杜甫"
age = 25
print(f"My name is {name}, and I'm {age} years old.")
```

执行上述代码，将输出如下结果：

```
My name is 杜甫, and I'm 25 years old.
```

2.2.4　字符串常见操作

微课 2-7：
字符串常见
操作

从前面几节的内容可以看出，字符串在整个输入/输出、数据处理方面的重要性，因此下面简单介绍一些字符串的常用操作。

1. 字符串查找

在Python中，可以使用字符串的内置方法来进行字符串的查找操作，以下是常用的字符串查找方法。

① find(substring)：返回子字符串第1次出现的索引，如果未找到则返回"-1"。

② index(substring)：返回子字符串第1次出现的索引，如果未找到则引发ValueError异常。

③ count(substring)：返回子字符串在字符串中出现的次数。

示例如下：

```
sentence = "Hello,how are you?"
print(sentence.find("how"))          #输出:6
print(sentence.index("are"))         #输出:10
print(sentence.count("o"))           #输出:3
```

2. 字符串替换

replace(old, new)：将字符串中的所有 old 子字符串替换为 new 子字符串。例如：

```
sentence = "Hello, how are you?"
new_sentence = sentence.replace("how", "where")
print(new_sentence)
  #输出:Hello, where are you?
```

3. 字符串分隔

在 Python 中，可以使用字符串的内置方法来进行字符串的分隔操作。

split(separator)：根据指定的分隔符将字符串拆分为子字符串，并返回一个包含拆分后子字符串的列表。如果不提供分隔符，则默认使用空格作为分隔符。例如：

```
date = "2023-10-01"
parts = date.split("-")              #使用 '-' 分隔
print(parts)                         #输出:['2023', '10', '01']
```

4. 字符串拼接

在 Python 中，可以使用多种方法进行字符串的拼接操作，以下是常用的字符串拼接方法。

① 使用 "+" 运算符拼接：可以将两个字符串进行拼接，如例 2-16。

② join() 函数：可以将一个包含多个字符串的可迭代对象（如列表）拼接成一个字符串。例如：

```
words = ["Python", "编程基础"]
result = " ".join(words)
    print(result)                    #输出: Python 编程基础
```

5. 删除指定字符

在 Python 中，strip() 函数用于删除字符串开头和结尾的指定字符（默认为空格）。语法如下：

```
string.strip([characters])
```

strip( ) 函数接受一个可选的参数 characters，用于指定要删除的字符。如果不提供 characters 参数，则默认删除字符串开头和结尾的空格（包括空格、制表符、换行符等空白字符）。

- lstrip( )：删除字符串前面（头部）的空格或特殊字符。
- rstrip( )：删除字符串后面（尾部）的空格或特殊字符。

示例如下：

```
string = "！！学无止境！！"
new_string1 = string.strip("! ")
new_string2 = string.lstrip("! ")
new_string3 = string.rstrip("! ")
print(new_string1)              #输出：  学无止境
print(new_string2)              #输出：  学无止境！！
print(new_string3)              #输出：  ！！学无止境
```

6. 字符串大小写

在 Python 中，可以使用以下方法来改变字符串的大小写。

① upper( ) 函数：将字符串中的所有字符转换为大写字母。

② lower( ) 函数：将字符串中的所有字符转换为小写字母。

③ capitalize( ) 函数：将字符串的首字母转换为大写，其他字符转换为小写。

④ title( ) 函数：将字符串中每个单词的首字母转换为大写。

示例如下：

```
string = "Time tries all things"
new_string1 = string.upper()
new_string2 = string.lower()
new_string3 = string.capitalize()
new_string4 = string.title()
print(new_string1)
print(new_string2)
print(new_string3)
print(new_string4)
```

输出结果如下：

```
TIME TRIES ALL THINGS
time tries all things
Time tries all things
Time Tries All Things
```

2.2.5 任务实现

本任务主要实现图书管理系统显示欢迎信息的功能，主要用到了字符串的输出。代码如下：

```
#欢迎语
ver = 1.1
ver_len = 11
year = 2023
year_len = 6
welcome_msg = "欢迎来到图书管理系统"
msg = welcome_msg + "\n" + "Version " + str(ver) +" \n"+  str(year)+
    "年"
print(msg)
```

输出结果如下：

```
欢迎来到图书管理系统
Version 1.1
2023年
```

项目文档
图书管理系
统的欢迎界
面设计

项目实战   图书管理系统的欢迎界面设计实现

1. 业务描述

在图书管理系统中，用户首先看到的就是欢迎界面，交互友好的欢迎界面可以让用户更方便地使用本系统。下面需要利用以上内容完成图书馆管理系统的欢迎界面设计，为了让界面更美观，在2.2.5任务实现的基础上增加了"*"边框和地点。欢迎界面如图2-8所示。

```
********************************************************************************

*                              欢迎来到图书管理系统                              *

*                                  Version 1.1                                  *

*                                    2023 年                                     *

*                             天津电子信息职业技术学院                            *

********************************************************************************
```

图 2-8 欢迎界面

2. 功能实现

```python
ver = 1.1
ver_len = 11
year = 2023
year_len = 6
welcome_msg = "欢迎来到图书管理系统"
welcome_msg_len = 20
location = "天津电子信息职业技术学院"
location_len = 24
leng = 80
msg = "\n" + "*" * leng + "\n" + \
"*" + " " * ((leng-welcome_msg_len-2)//2) + welcome_msg + " " * \
    ((leng-welcome_msg_len-2)//2) + "*\n" + \
"*" + " " * ((leng - ver_len-2)//2) + "Version " + str(ver) + \
    " " * ((leng - ver_len-2)//2 + 1) + "*\n" + \
"*" + " " * ((leng-year_len-2)//2) + str(year) + "年" + " " * \
    ((leng-year_len-2)//2 ) + "*\n" + \
"*" + " " * ((leng-location_len-2)//2) + location + " " * ((leng-
    location_len-2)//2 ) + "*\n" + \
"*" * leng + "\n"
print(msg)
```

上述代码用字符串定义了欢迎语 welcome_msg、版本号 ver、年份 year 等变量，leng = 80 表示欢迎页的上下边框中的 80 个 "*"，通过 + 运算符连接字符串，用表达式 ""*(leng-welcome_msg_len-2)//2" 实现居中显示，使用输出函数 print( ) 输出拼接后的欢迎界面。最后按 Enter 键可进入到后面的登录界面。

项目小结

本项目主要介绍了 Python 的基本语法知识，如标识符、关键字、变量、数据类型、运算符和输入 / 输出函数等，这些都是编程中的最基础内容。同时，通过项目实践中欢迎界面的编写，使读者能进一步打牢基础，并能在后面的学习中灵活运用。

习题

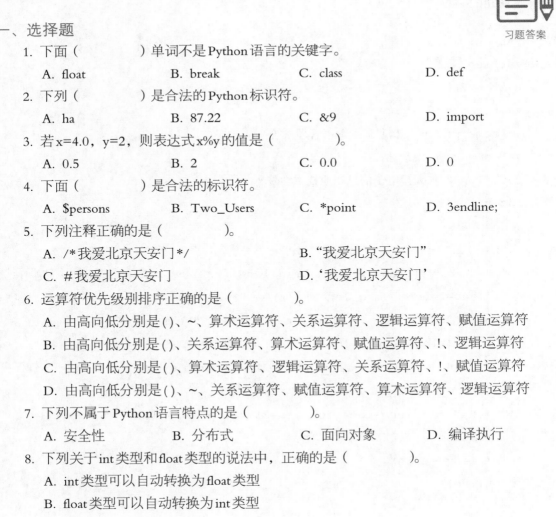

习题答案

一、选择题

1. 下面（　　　　　）单词不是 Python 语言的关键字。

   A. float　　　　　B. break　　　　　C. class　　　　　D. def

2. 下列（　　　　　）是合法的 Python 标识符。

   A. ha　　　　　B. 87.22　　　　　C. &9　　　　　D. import

3. 若 x=4.0，y=2，则表达式 x%y 的值是（　　　　　）。

   A. 0.5　　　　　B. 2　　　　　C. 0.0　　　　　D. 0

4. 下面（　　　　　）是合法的标识符。

   A. $persons　　　　　B. Two_Users　　　　　C. *point　　　　　D. 3endline;

5. 下列注释正确的是（　　　　　）。

   A. /*我爱北京天安门*/　　　　　　　　　B. "我爱北京天安门"

   C. #我爱北京天安门　　　　　　　　　　D. '我爱北京天安门'

6. 运算符优先级别排序正确的是（　　　　　）。

   A. 由高向低分别是 ( )、~、算术运算符、关系运算符、逻辑运算符、赋值运算符

   B. 由高向低分别是 ( )、关系运算符、算术运算符、赋值运算符、!、逻辑运算符

   C. 由高向低分别是 ( )、算术运算符、逻辑运算符、关系运算符、!、赋值运算符

   D. 由高向低分别是 ( )、~、关系运算符、赋值运算符、算术运算符、逻辑运算符

7. 下列不属于 Python 语言特点的是（　　　　　）。

   A. 安全性　　　　　B. 分布式　　　　　C. 面向对象　　　　　D. 编译执行

8. 下列关于 int 类型和 float 类型的说法中，正确的是（　　　　　）。

   A. int 类型可以自动转换为 float 类型

   B. float 类型可以自动转换为 int 类型

C. float类型占的存储空间比int类型的小

D. float类型和int类型数据能表示整数的范围一样

二、判断题

1. Python语言是与平台无关的语言。　　　　　　　　　　　　　　　（　　　）

2. Python语言是面向过程的编程语言。　　　　　　　　　　　　　　（　　　）

3. 指针是Python中的一种常见数据类型。　　　　　　　　　　　　　（　　　）

4. 变量名不能以数字开头。　　　　　　　　　　　　　　　　　　　（　　　）

5. 算术运算符比赋值运算符的优先级别高。　　　　　　　　　　　　（　　　）

三、填空题

1. 在Python程序中，用"#"表示单行注释，可以用_____表示多行注释。

2. 若x = 5，y = 10，则x<y和x == y的逻辑值分别为_____和_____。

3. 将数据转换成float类型，需要使用_____函数实现。

4. Python源程序文件的扩展名为_____。

5. 操作符优先级最高的是_____。

四、编程题

1. 编写程序实现输入直角三角形的长和高，计算三角形面积和周长，并分别输出面积和周长。

2. 编写程序实现输入绝对温度，输出摄氏温度（绝对温度＝摄氏温度+273.15）。

五、简答题

1. 简述Python语言的特点。

2. 简述Python中变量的命名规则。

3. 简述Python数据类型的分类及数据类型转换规则。

4. 简述Python中的操作符种类。

项目3
实现系统登录、退出和菜单关联

图书管理系统的登录、退出和菜单关联是系统的基础功能，能够实现用户访问控制并为用户提供系统功能的导航和选择。本项目将介绍Python语言中的if分支语句和while循环语句的语法形式和使用方法，并通过相关语句实现图书管理系统登录、退出和菜单关联功能。

本项目学习目标

知识目标
◆ 了解关系运算符和表达式。
◆ 了解逻辑运算符和表达式。
◆ 了解if分支语句的语法形式。
◆ 了解while循环语句的语法形式。

技能目标
◆ 掌握根据任务需求编写if分支语句的方法。
◆ 掌握根据任务需求编写while分支语句的方法。
◆ 掌握字符串的拼接方法。

素养目标
◆ 通过了解图书馆信息化管理方法，培养信息化素养，建立通过信息化建设提升管理效能的意识。
◆ 通过系统登录功能实现过程中对安全防护功能的探索，认识网络安全的重要性，有效地提升网络安全意识。

任务 3.1　实现管理员登录

实现管理员
登录

任务描述

本任务的目标是实现管理员登录。在欢迎界面显示后，系统会等待用户输入管理员账号和密码信息，根据账号和密码信息判断用户是否匹配，并决定下一步显示的内容。若账户信息匹配，则会进入系统菜单界面；否则，将提示用户信息不正确，请求再次输入。系统可以给用户提供3次输入账号信息的机会，若3次均没有正确输入，则退出系统。

本任务主要借助关系运算符和表达式、逻辑运算符和表达式、if单分支语句和while循环语句等相关知识和技术实现。通过本任务，学习者可以掌握Python语言中条件语句和循环语句的语法特征和使用技巧。

3.1.1　关系运算符和关系表达式

1. 关系运算符

关系运算符是一种用于比较两个值之间关系并返回一个布尔值作为比较结果的运算符号。在编程时，关系运算符常用于条件语句和循环结构中，判断条件是否成立或循环是否继续执行。Python中常用的关系运算符见表3-1。

微课 3-1：
关系运算符
和关系表达
式

表 3-1　Python 常用关系运算符

运算符	功　　能
==	判断两个表达式是否相等，如果相等则返回 True，否则返回 False
!=	判断两个表达式是否不等，如果不等则返回 True，否则返回 False
>	判断左表达式是否大于右表达式，如果大于则返回 True，否则返回 False
<	判断左表达式是否小于右表达式，如果小于则返回 True，否则返回 False
>=	判断左表达式是否大于或等于右表达式，如果大于或等于则返回 True，否则返回 False
<=	判断左表达式是否小于或等于右表达式，如果小于或等于则返回 True，否则返回 False

2. 关系表达式

使用关系运算符将两个表达式连接起来即为关系表达式，其值是一个布尔值，即True或者False。以操作数 a = 8、b = 10 为例，使用关系运算符进行关系运算。

判断a、b是否相等，命令如下：

```
>>> a==b
False
```

判断 a 是否小于或等于 b，命令如下：

```
>>> a<=b
True
```

3.1.2　逻辑运算符和逻辑表达式

微课 3-2：
逻辑运算符
和逻辑表达
式

1. 逻辑运算符

逻辑运算符是一种用于对布尔值进行操作和判断并返回一个布尔值作为运算结果的运算符号。在编程时，逻辑运算符也常用于条件语句和循环结构中，判断条件是否成立或循环是否继续执行。Python 中常用的逻辑运算符见表 3-2。

表 3-2　Python 常用逻辑运算符

运算符	功　　能
and	逻辑与运算，判断两个表达式是否都为 True，如都为 True 则返回 True，否则返回 False
or	逻辑或运算，判断两个表达式是否有一个为 True，如果有则返回 True，否则返回 False
not	逻辑非运算，如原表达式为 False 则返回 True，否则返回 False

在 Python 中，逻辑运算符也可以对非布尔型值或表达式进行操作。以操作数 a=8、b=10 为例，逻辑运算符的运算结果见表 3-3。

表 3-3　非布尔型值逻辑运算结果

运算符	实　　例
and	a and b 返回右操作数，结果为 10
or	a or b 返回左操作数，结果为 8
not	如果操作数为非零值则返回 False，否则返回 True，not a 结果为 False

需要注意的是，虽然语法上逻辑运算符支持非布尔型计算，但为保证程序的严密性和代码的可读性，通常不建议这样使用。

2. 逻辑表达式

使用逻辑运算符将两个表达式连接起来即为逻辑表达式，如果两个表达式的值都是布尔型，则逻辑表达式的值是一个布尔值，即 True 或者 False。以操作数 a = True、b = False 为例，使用逻辑运算符进行逻辑运算。

计算 a and b，命令如下：

```
>>> a and b
False
```

计算 a or b，命令如下：

```
>>> a or b
True
```

计算 not a，命令如下：

```
>>>not a
False
```

3.1.3　if 分支语句

微课 3-3：if 分支语句的语法形式及应用

Python 程序通常是顺序执行的，但简单的顺序执行无法解决很多复杂问题，因此 Python 提供了各种控制结构，允许程序采用更为复杂的执行方式，if 分支语句就是其中一种。

（1）if 单分支语句语法形式及执行流程

if 单分支语句是最基础的条件判断语句，其语法形式如下：

```
if 逻辑表达式：
    语句；
```

if 后跟的逻辑表达式一般为布尔值，当该表达式的值为 True 时，执行相应的语句，否则不执行。该逻辑表达式也可为非布尔值，此时如果表达式的值为非零或者非空，则执行相应的语句，否则不执行，如图 3-1 所示。

（2）if 单分支语句的使用

if 单分支语句一般用于需要根据程序运行状态，决定相应语句是否执行的情况。以输入一个数判断是否为偶数为例，代码如下：

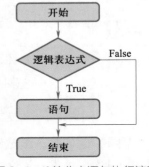

图 3-1　if 单分支语句执行流程

```
num=input()
if num%2==0:
    print（"您输入的是一个偶数"）
```

在该段代码中，通过判断输入的值除以 2 的余数是否为 0，来决定是否输出"您输入的是一个偶数"，以实现判断输入值是否为偶数。

（3）if-else 分支语句语法形式及执行流程

if-else 分支语句是基础的条件判断语句，其语法形式如下：

```
if 逻辑表达式:
    语句1;
else:
    语句2;
```

if-else分支语句中逻辑表达式的判断依据和单分支语句一样，但在表达式的值为False时会执行else分支下的语句2，如图3-2所示。

（4）if-else分支语句的使用

if-else分支语句一般用于需要根据程序运行状态，决定执行两个语句中的哪一个的情况。以判断图书管理系统用户登录信息是否正确为例代码如下：

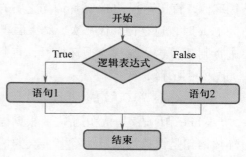

图3-2 if-else 分支语句执行流程

```python
# 内置管理员用户名和密码
ADMIN_NAME = "admin"
ADMIN_PWD = "admin123"
# 输入用户名及密码
user_name = input("请输入账号:")
user_pwd = input("请输入密码:")
if user_name != ADMIN_NAME or user_pwd != ADMIN_PWD:
    print("\n账号或密码输入错误! ")
else:
    print("\n登录成功! ")
```

在该段代码中，逻辑表达式用于判断输入的用户名及密码和内置的管理员用户名及密码是否一致，即用户输入的登录信息是否正确，如果不一致则输出"账号或密码输入错误! "，否则输出"登录成功! "。

3.1.4 while 循环语句

循环语句也是一种程序控制结构，它实现了对一个代码块进行多次执行。while 循环是Python循环语句的一种，它通过对给定的条件进行判断，决定相应语句是否执行以及执行多少次。

微课 3-4：
while 循环语句语法形式及应用

（1）while 循环语句语法形式及执行流程

while 循环的语法形式如下：

```
while 逻辑表达式:
    循环体；
```

while 后跟的逻辑表达式一般为布尔值，while 循环语句执行时会首先对表达式的值进行判断，当值为False时，跳过循环体，直接运行while循环语句之后的语句；当表达式的值为True时，运行循环体一次，结束后再次对逻辑表达式的值进行判断，这一流程会循环执行，直到表达式的值为False，如图3-3所示。

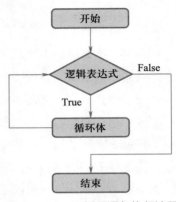

图 3-3　while 循环语句执行流程

（2）while 循环语句的使用

while 循环语句一般用于需要根据程序运行状态，决定循环体语句是否执行以及执行多少次的情况。以求1~100以内自然数的和为例，代码如下：

```
num = 1
sum = 0
while num <= 100:
    sum = sum + num
    num = num + 1
print("1到100以内自然数的和为：  ",sum)
```

在该段代码中，有两个初始变量：num用于存储当前将被累加的数字；sum用于存储当前累加的结果。当循环开始时，判断num的值，当num ≤ 100时，将num当前的值累加入sum，并将num加1，直到num>100时，循环判断条件不再成立，结束循环的执行。此时num遍历了1到100以内的所有自然数，并累加到sum中，所以sum即为所求的1到100以内所有自然数的和。

在循环语句的设计过程中，一般需要保证在循环语句执行的过程中，循环判断的逻辑表达式的值最终会为False，否则循环语句会一直执行，使程序陷入死循环。

（3）break 语句

break 语句用于跳出当前循环，当循环体中执行到break语句时，无论循环条件是否满足，循环语句都将结束。需要注意的是，break语句一般搭配if分支语句，当需要在满足某个条件时立刻停止循环并跳出时使用。如果break语句不受if分支语句控制，则执行循环体时一定会触发break，即循环体最多只能执行一次，这就失去了循环的意义。

微课 3-5：
循环控制关
键字 break 与
continue

下面用一个简单的示例，展示如何使用while循环和break语句来实现判断一个输入数字是否是素数，代码如下：

```
input_num = int(input("请输入一个大于1的自然数："))
divisor = 2
while divisor < input_num:
    if input_num % divisor == 0:
        print(input_num,"不是一个素数")
        break
    divisor = divisor + 1
if divisor == input_num:
    print(input_num, "是一个素数")
```

在该段代码中，有两个初始变量：input_num 用于存储输入数字；divisor 用于存储当前的除数。

在这里循环结束的情况有两种，一种是 divisor 等于 input_num，此时说明 input_num 除以所有比自己小的数都不能整除，则 input_num 是一个素数，循环结束；另一种是在循环执行过程中，input_num 被 divisor 整除了，说明 input_num 不是一个素数，此时虽然 divisor 仍小于 input_num，但循环没有必要再继续执行，所以使用 break 语句跳出循环。

该代码的运行效率还有提升的空间，读者可以自行研究。

（4）continue 语句

continue 语句用于在循环中跳过当前循环体后续语句的执行，并继续下一次条件判断。当循环体中执行到 continue 语句时，无论循环体是否还有后续语句，循环体执行都将结束。需要注意的是，continue 语句一般也需要搭配 if 分支语句，如果 continue 语句不受 if 分支语句控制，则执行循环体时一定会触发 continue，则循环体中 continue 之后的语句永远也不会被执行，这也就失去了编写该部分代码的意义。

下面以一个简单的示例，展示如何使用 while 循环语句和 continue 语句来实现求 1 到 100以内所有奇数的和，代码如下：

```
num = 0
sum = 0
while num < 100:
    num = num + 1
    if num % 2 == 0:
        continue
    sum = sum + num
print("1到100以内奇数的和为：",sum)
```

该段代码和前面求 1 到 100 以内自然数的和类似，只是增加了一个判断，当 num % 2 ==

0 也就是 num 为偶数时，使用 continue 语句结束了循环体的执行，开始进行下一次判断。这样在累加过程中，所有的偶数都不会被累加到 sum 中，sum 最后的结果也就是 1 到 100 以内所有奇数的和。

（5）while-else 语句

Python 的 while 循环还有一个特性，就是可以与 else 语句结合使用。当 while 循环正常结束时（即循环条件不再满足，不能是因为 break 语句结束），else 语句将会被执行，如图 3-4 所示。

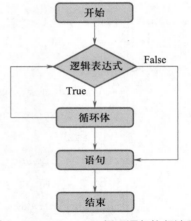

这意味着可以在循环结束后执行一些特定的操作或逻辑。下面仍以判断一个输入数字是否是素数为例，展示如何使用 while-else 循环来实现，代码如下：

图 3-4　while-else 循环语句执行流程

```python
input_num = int(input("请输入一个大于1的自然数： "))
divisor = 2
while divisor < input_num:
    if input_num % divisor == 0:
        print(input_num,"不是一个素数")
        break
    divisor = divisor + 1
else:
    print(input_num, "是一个素数")
```

微课 3-6：
while-else
语句的语法
形式及应用

该段代码取消了原本的条件 divisor == input_num，而是使用了 while-else 循环结构，当 divisor < input_num 条件不再成立时，执行 else 之后的语句。同时此例也说明一点，仅当循环正常结束，也就是循环条件不再满足时会执行 else 后的语句；当触发 break 结束循环时，else 后的语句不会执行。

3.1.5　任务实现

本任务主要实现图书管理系统的登录功能。通过 if 分支语句判断输入的账号及密码是否正确，通过 while 循环语句控制登录失败的最多尝试次数，为系统使用的权限控制做好准备。

首先在代码目录创建代码文件 main_menu.py，并实现用户登录功能，其代码如下。

```python
#内置管理员用户名及密码
ADMIN_NAME = "admin"
ADMIN_PWD = "admin123"
```

```
#定义最多尝试次数
MAX_ATTEMPTS = 3


n_attempts = 1
while n_attempts <= MAX_ATTEMPTS :
    user_name = input("请输入账号:")
    user_pwd = input("请输入密码:")
    #如果输入信息有误，记录尝试次数并重新输入
    if user_name != ADMIN_NAME or user_pwd != ADMIN_PWD:
        n_attempts = n_attempts + 1
        print("\n账号或密码输入错误，",end="")
        n = input("按Enter键重新输入")
    else:
        print("\n登录成功\n")
        break
else:
    #超过最多尝试次数，系统退出
     print("\n账号或密码输入错误过多，请核对账号或密码后，重新启动系统
\n")
    exit()
```

　　本项目实现过程中不涉及数据库交互，所以管理员的用户名和密码直接在代码中给出。当用户输入账号和密码时，通过if分支语句判断输入的账号及密码和内置的账号及密码是否相同，如果不同，则提示输入错误并重新输入。重新输入是通过while循环实现的，当累计的尝试次数超出设定值时，程序退出。如果用户名和密码判定通过，输出"登录成功"，并通过break跳出循环，开始执行后续的主菜单代码。

任务 3.2　实现主菜单呈现

实现主菜单
呈现

任务描述

　　在开发系统程序时，主菜单是一个重要的组成部分，它是用户与程序交互的主入口。本任务的目标是实现主菜单的呈现和控制。当用户作为管理员登录之后，系统将显示主菜单，并提示用户根据菜单编号进行选择。主菜单包括图书管理、读者管理、借阅管理和退出系统等菜单项目。用户可以根据使用目的，选择菜单项目进入各自的子菜单完成进一步操作。

本任务主要借助分支嵌套语句、循环嵌套语句和字符串格式化等知识和技术实现。通过本任务，学习者可以熟练掌握Python语言中条件语句和循环语句的语法特征和使用技巧，并深刻认识业务逻辑和Python语句控制逻辑的映射关系。

3.2.1   if嵌套语句

简单的if分支语句可用于程序流程控制，然而，很多时候需要根据更复杂的条件来进行更细程度的控制，这就需要在一个if语句中再嵌套一个if语句，这就是所谓的if嵌套语句。

微课 3-7：if嵌套语句语法形式及应用

（1）if嵌套语法及执行流程

if嵌套语句的语法形式如下：

```
if 逻辑表达式1：
    语句1
    if 逻辑表达式2：
        语句2
    else：
        语句3
else：
    语句4
```

在示例中，外层if分支语句中增加了一个if分支语句。在执行过程中，首先会检查逻辑表达式1的值是否为True，如果为True，则执行语句1，并继续检查逻辑表达式2的值，如果也为True，则执行语句2，否则，执行语句3。如果逻辑表达式1的值为False，则执行语句4，如图3-5所示。

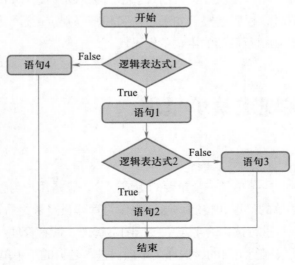

图 3-5   if嵌套语句的执行流程

在if分支语句中的任何位置都可以再嵌入一个新的if分支语句，从而实现对程序流程的灵活控制。if嵌套结构可以无限地进行扩展，但是过多的嵌套会导致代码变得难以理解和维护。通常建议不要过度使用if嵌套语句，如代码中if嵌套超过3层，建议重新梳理业务逻辑和算法设计，以更加简洁明了的方式实现。

（2）if嵌套语句的使用

闰年是公历纪年中的一种年份，通常每4年出现一次，但在遇到整百年时，需要进一步判断年份是否可以被400整除。下面，以判断一个输入年份是否为闰年为例，进行if嵌套语句的应用，代码如下：

```python
year = int(input("请输入一个年份： "))
if year % 4 == 0:
    if year % 100 == 0:
        if year % 400 == 0:
            print("这是一个闰年")
        else:
            print("这不是一个闰年")
    else:
        print("这是一个闰年")
```

在该段代码中，通过if嵌套语句，根据不同的条件来判断年份是否为闰年，并进行相应的输出。首先使用input()函数获取用户输入的年份，并将其转换为整数，然后通过if嵌套语句来判断年份是否为闰年。根据闰年的定义，首先判断一个年份是否能够被4整除，如果能被4整除，但不能被100整除，那么它就是闰年；如果能被100整除，还需要进一步嵌套一个if-else语句，判断是否能被400整除。对于这段代码，也可以对逻辑重新进行梳理，以两层if嵌套的形式实现，代码如下：

```python
year = 2100
if year % 100 == 0:
    if year % 400 == 0:
        print("这是一个闰年")
    else:
        print("这不是一个闰年")
else:
    if year % 4 == 0:
        print("这是一个闰年")
```

在该段代码中，首先判断一个年份是否能够被100整除，如果能被100整除则需要判断是否能被400整除以认定是否为闰年，否则判断是否能被4整除，以认定是否为闰年。

3.2.2　elif 语句

微课 3-8：
elif 语句语
法形式及应
用

elif语句本质上是else if的缩写，用于在一个条件不满足时测试下一个条件。使用elif语句可以使代码更加简洁和可读，通过它可以避免编写多个if嵌套语句或使用复杂的逻辑运算符。

（1）多分支语句语法及执行流程

多分支语句的语法形式如下：

```
if 逻辑表达式1:
    语句1
elif 逻辑表达式2:
        语句2
elif 逻辑表达式3:
        语句3
else:
    语句4
```

示例在if语句后面添加了两个elif语句，每个elif语句后面跟着一个逻辑表达式。如果前一个逻辑表达式的值为False，Python将继续测试下一个elif语句，直到找到值为True的逻辑表达式。如果所有逻辑表达式的值均为False，可以选择添加一个else语句来执行其他操作，如图3-6所示。

在if分支语句中可以添加任意多个elif语句，使得程序可以按顺序检查多个条件，并执行与第1个值为True的条件相关的语句。

（2）elif多分支语句的使用

在Python中是没有switch这样的多分支语句形式的，但通过elif语句可以替代实现switch语句的效果。以根据学生的分数输出相应的等级为例，代码如下：

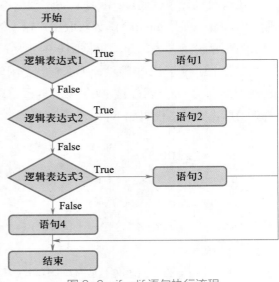

图 3-6　if-elif 语句执行流程

```
score = int(input("请输入一个分数："))
```

```
#根据分值不同，删除学生成绩等级
if score >= 90:
    print("优秀")
elif score >= 80:
    print("良好")
elif score >= 60:
    print("中等")
else:
    print("不及格")
```

在本例中，首先输入一个学生分值。如果分数大于或等于90，将输出"优秀"；否则会进行下一个判断，如果分数大于或等于80且小于90，将输出"良好"，并以此类推。通过使用elif语句，实现了依次比较分值，确定学生成绩等级。需要注意，在elif多分支语句中，最后的else分支可以不存在，上述代码中的else分支也可以改作：

```
elif scroe<60:
    print("不及格")
```

3.2.3　任务实现

本任务主要实现图书管理系统中主菜单信息的展示和菜单选择功能。

首先在代码文件main_menu.py中实现主菜单信息的输出，代码如下：

```
#定义菜单宽度
leng = 80
#主菜单信息
menu_title = "图书管理菜单"
menu_title_len = 12
menu_1_msg = "1.图书管理"
menu_1_msg_len = 10
menu_2_msg = "2.读者管理"
menu_2_msg_len = 10
menu_3_msg = "3.借阅管理"
menu_3_msg_len = 10
menu_4_msg = "4.退出系统"
```

```
menu_4_msg_len = 10
#生成菜单文本
menu = "\n" + "*" * leng + "\n" + \
"*" + " " * ((leng - menu_title_len - 2) // 2) + menu_title\
+ " " * ((leng-menu_title_len-2)//2) + "*\n" + \
"*" + " " * (leng-2) + "*\n" + \
"*" + " " * ((leng - menu_1_msg_len - 2) // 2) + menu_1_msg + \
" " * ((leng-menu_1_msg_len-2)//2) + "*\n" + \
"*" + " " * ((leng - menu_2_msg_len - 2) // 2) + menu_2_msg + \
" " * ((leng-menu_2_msg_len-2)//2) + "*\n" + \
"*" + " " * ((leng - menu_3_msg_len - 2) // 2) + menu_3_msg + \
" " * ((leng-menu_3_msg_len-2)//2) + "*\n" + \
"*" + " " * ((leng - menu_4_msg_len - 2) // 2) + menu_4_msg + \
" " * ((leng-menu_4_msg_len-2)//2) + "*\n" + \
"*" * leng + "\n"
#清空屏幕输出菜单
l = os.system(r'clear')
print(menu)
```

在该段代码中，使用了字符串拼接的方式生成菜单文本。本项目实现过程会频繁涉及菜单信息的输出，如果每个菜单页都需要写如此复杂的菜单文本拼接代码，会比较烦琐且易出错。当读者完成函数部分的学习后，可以考虑将菜单信息输出功能封装成为一个函数，调用该函数，仅需要指定相应的菜单信息即可输出菜单。

接下来，需要接收用户的输入，并基于用户的选择确定要跳转的页面，代码如下：

```
n = input("请输入选项（1/2/3/4）:")
if n == "1":
    print("\n" + menu_1_msg)
elif n == "2":
    print("\n" + menu_2_msg)
elif n == "3":
    print("\n" + menu_3_msg)
else:
    print("\n" + menu_4_msg)
```

至此，已完成了主菜单信息的输出，以及选择相应选项功能的实现，但相比于一个真正可用的系统菜单，还有很多功能没有完成。下面进入项目实战环节，实现一个可以真正使用的图书管理系统多级菜单。

项目实战　图书管理系统的多级菜单设计实现

项目文档
图书管理系统的多级菜单设计

1. 业务描述

图书管理系统主菜单中的选项被选择后，应当跳转到相应的子菜单，在子菜单中提供返回主菜单的选项。主菜单应当可以持续选择进入不同的子菜单，直到用户选择退出选项。这就需要在前面实现的主菜单的基础上，加入循环控制。

2. 系统流程

当管理员登录验证通过后将进入系统主菜单页面，如图 3-7 所示。

```
┌ ┄┄┄┄┄┄┄┄┄┄┄┄┄┄┄┄┄┄┄┄ ┐
            主 菜 单
          1. 图书管理
          2. 读者管理
          3. 借阅管理
          4. 退出系统
└ ┄┄┄┄┄┄┄┄┄┄┄┄┄┄┄┄┄┄┄┄ ┘
```
请输入选项（1/2/3/4）：

图 3-7　主菜单界面

主菜单界面有"图书管理""读者管理""借阅管理"和"退出系统"4 个功能菜单，通过输入对应的数字进入相应子菜单，如选择选项 1 后会进入"图书管理"子菜单，如图 3-8 所示。

```
┌ ┄┄┄┄┄┄┄┄┄┄┄┄┄┄┄┄┄┄┄┄ ┐
          1. 添加图书
          2. 删除图书
          3. 查询图书
          4. 修改图书
          5. 返回上级
└ ┄┄┄┄┄┄┄┄┄┄┄┄┄┄┄┄┄┄┄┄ ┘
```
请输入选项（1/2/3/4/5）：

图 3-8　"图书管理"子菜单界面

如果选择"返回上级"选项，系统会回到主菜单界面，并可进行下一步选择。

3. 功能实现

```
leng = 80
#定义主菜单信息
menu_title = "图书管理菜单"
menu_title_len = 12
```

```
menu_1_msg = "1.图书管理"
menu_1_msg_len = 10
menu_2_msg = "2.读者管理"
menu_2_msg_len = 10
menu_3_msg = "3.借阅管理"
menu_3_msg_len = 10
menu_4_msg = "4.退出系统"
menu_4_msg_len = 10


while True:
#生成菜单文本
menu = "\n" + "*" * leng + "\n" + \
"*" + " " * ((leng - menu_title_len - 2) // 2) + menu_title\
+ " " * ((leng-menu_title_len-2)//2) + "*\n" + \
"*" + " " * (leng-2) + "*\n" + \
"*" + " " * ((leng - menu_1_msg_len - 2) // 2) + menu_1_msg + \
" " * ((leng-menu_1_msg_len-2)//2) + "*\n" + \
"*" + " " * ((leng - menu_2_msg_len - 2) // 2) + menu_2_msg + \
" " * ((leng-menu_2_msg_len-2)//2) + "*\n" + \
"*" + " " * ((leng - menu_3_msg_len - 2) // 2) + menu_3_msg + \
" " * ((leng-menu_3_msg_len-2)//2) + "*\n" + \
"*" + " " * ((leng - menu_4_msg_len - 2) // 2) + menu_4_msg + \
" " * ((leng-menu_4_msg_len-2)//2) + "*\n" + \
"*" * leng + "\n"
#清空屏幕输出菜单
l = os.system(r'clear')
print(menu)
n = input("请输入选项 （1/2/3/4）:")
if n == "1":
    while True:
    #受篇幅所限，后续不再给出每个子菜单信息拼接过程，请读者自行完成
    print("\n" + book_menu_msg)
    n = input("请输入选项 （1/2/3/4）:")
    #图书管理菜单相应功能实现在后续完成
```

```
        book_manager(n)
elif n == "2":
    while True:
    print("\n" + user_menu_msg)
    n = input("请输入选项（1/2/3/4）:")
    #用户管理菜单相应功能实现在后续完成
    user_manager(n)
elif n == "3":
    while True:
    print("\n" + borrowing_menu_msg)
    n = input("请输入选项（1/2/3/4）:")
    #借阅管理菜单相应功能实现在后续完成
    borrowing_manager(n)
```

在该段代码中，使用了while无限循环，以使菜单能够持续选择进入不同的子菜单，直到用户选择"退出系统"选项时，执行break语句，结束无限循环，菜单执行结束。

项目小结

本项目主要介绍了Python语言中的if分支语句和while循环语句的语法形式、使用方法和简单应用。最后，综合使用这些方法，实现了图书管理系统登录退出和菜单关联功能，为后续具体功能实现搭建好了一个框架。

习题

习题答案

一、选择题

1. 循环语句中常用的两个控制关键字是（　　　　）。

　　A. break　　　　　　B. continue　　　　　　C. elif　　　　　　D. pass

2. 以下（　　　　）不是if分支语句相关的关键字。

　　A. if　　　　　　B. else　　　　　　C. none　　　　　　D. elif

3. 如下一段代码：

```
num = 1
while num < 5:
```

```
print("Hello World")
num = num + 1
```

在该段代码中，"Hello World"字符串将被输出（　　　　）次。

　　A. 4　　　　　　　　　B. 5　　　　　　　　C. 6　　　　　　　D. 7

4. 如下一段代码：

```
num = int(input("请输入一个数字： "))
factorial = 1
i = 1

while i <= num:
    factorial *= i
    i += 1
print(factorial )
```

该段代码实现的是（　　　　）功能。

　　A. 求输入值的阶乘　　　　　　　　　B. 求输入值的3次方

　　C. 求2的输入值次方　　　　　　　　D. 求1到输入值以内所有整数的和

二、判断题

1. Python 逻辑运算符的返回值一定是布尔型。　　　　　　　　　　　　（　　　）

2. if 关键字一定要搭配 else 使用。　　　　　　　　　　　　　　　　（　　　）

3. 编写 while 循环时，循环条件不能恒为 True，以免陷入死循环。　　　（　　　）

4. 对于某些无法确定次数的循环，或者需要触发条件以结束的情况，用 while 循环语句更方便。　　　　　　　　　　　　　　　　　　　　　　　　　　　　　　（　　　）

三、填空题

1. Python 关系运算符返回的结果只能是_____或_____。

2. 在一个 if 语句中再嵌套一个 if 语句的语法形式，称为_____。

3. 循环语句中的语句块通常称为_____。

4. 下面一段代码运行结束后，输出结果为_____。

```
a = 11
b = 13
```

```
c = 1
result = b - a > c
print(result)
```

四、编程题

1. 请编写代码实现：从键盘输入3个数，求最大值。

2. 请编写代码实现：求1 000以内的水仙花数。水仙花数是指一个 3 位数，它的每个位上的数字的 3 次幂之和等于它本身（例如：$153 = 1^3+5^3+3^3$）。

项目4
实现图书的新增、修改和查询

图书管理系统需要完成日常的管理功能，包括图书的新增、修改和查询。本项目将介绍Python语言中的序列（列表、元组及字典）、for循环语句、函数以及模块等内容并实现图书新增、修改以及查询的功能。

本项目学习目标

知识目标

◆ 掌握Python序列的用法。
◆ 掌握for循环语句的使用方法。
◆ 掌握函数的含义以及使用方法。
◆ 掌握模块的概念及用法。
◆ 掌握匿名函数的定义及使用方法。

技能目标

◆ 掌握编程中模块化的理念。
◆ 通过序列的使用掌握数据新增、修改、查询的过程。
◆ 掌握函数的使用。

素养目标

◆ 通过"将可变数据存储在列表与字典中，将不可变数据存储在元组中"的分型存储案例实践，培养数据安全意识。
◆ 在复杂项目的调试过程中，代码错误或运行错误难以避免，在不断修正、不断优化的实践过程，培养精益求精的工匠精神。
◆ "万事万物是相互联系、相互依存的。只有用普遍联系的、全面系统的、发展变化的观点观察事物，才能把握事物发展规律。"抓住函数本质特征，感受知识的关联性与整体性，培养信息技术核心素养。

任务 4.1　新增图书信息

新增图书
信息

任务描述

　　本任务需要实现图书管理系统的新增图书信息功能，该功能非常重要，直接关系到后续图书借阅功能能否正常执行。在新增图书信息时，系统将通过终端接收用户输入的书名等信息，然后判断现有图书列表中是否重复，如果不重复则将其保存到文件之中。

　　本任务将通过序列以及相关操作语句完成检查等功能，通过文件操作实现新增图书信息的保存功能。通过本任务，学习者能够比较全面地了解序列及其使用方法，进一步完善文件读写技术。

4.1.1　列表

　　列表是 Python 中使用频率最高的数据类型之一，其由一系列按照特定顺序排序的元素组成，相邻元素由逗号分隔，且所有元素需要写在方括号"[]"或索引操作符内。其关键字为 list，可通过将特定序列放入到 list( ) 函数的参数列表中，强制转换出一个列表。列表不仅长度是可变的，元素类型也可以不同，支持整型、浮点型、字符串甚至还可以是列表，即组成嵌套列表。

微课 4-1：
列表

（1）创建列表展示已有图书信息

　　列表的创建可以直接通过赋值运算符"="将一个列表赋值给变量，其基本格式如下：

```
变量名称 = [ 元素1，元素2，...，元素n]
```

　　列表元素个数是没有限制的，并且元素内容可以重复。列表基本声明方式如例 4-1 所示。

　　【例 4-1】通过创建列表的形式，将已有图书进行展示。

```
book_list = ['西游记','三国演义','水浒传']
print('现有图书:',book_list)
```

　　运行上述程序，得到以下输出结果：

```
现有图书: ['西游记', '三国演义', '水浒传']
```

　　若要将不同图书分别存储，则可将每类图书存放在单独的一个列表中，最终再将这些列表嵌套到一个列表中，具体如例 4-2 所示。

　　【例 4-2】现有两本图书，要使用列表分别存储这两本书的书名、本数以及出版社信息，并打印输出。

```
classics_book = ['西游记',2,'xx出版社']
text_book = ['语文',5,'xx出版社']
book_list = [classics_book,text_book]
print('现有图书:',book_list)
```

运行上述程序，得到以下输出结果：

现有图书：[['西游记', 2, 'xx出版社'], ['语文', 5, 'xx出版社']]

结果展示了所有的图书信息，并且不同种类的图书信息分别存入了不同嵌套子列表中。

还有一种特殊情况，即图书系统中还未录入图书信息时，该如何使用列表展示。列表不仅可以含有多个元素，还可以不包含任何元素，称为空列表，具体语法格式如下：

变量名 = []   或   变量名 = list()

（2）访问指定图书信息

现要访问指定的图书信息，可通过列表的索引实现。索引是每个元素对应的一个编号，按照列表项从左到右由0开始递增，即第1个元素的索引为0，第2个元素的索引为1，以此类推。列表项同时还存在逆向索引，从最后一项开始从后往前依次递减，且表示方式为负数，即倒数第1个元素的索引为-1，倒数第2个元素的索引为-2，以此类推。

使用索引可以访问列表中任意元素，其基本代码格式如下：

变量名[索引值]

【例4-3】对图书元素进行访问。

```
book_list = ['西游记','三国演义','水浒传']
print('现有图书:',book_list)
print('第一本图书为:',book_list[0])
print('第二本图书为:',book_list[1])
print('第三本图书为:',book_list[-1])
```

运行上述程序，得到以下输出结果：

现有图书：['西游记', '三国演义', '水浒传']
第一本图书为：西游记

第二本图书为：三国演义

第三本图书为：水浒传

对嵌套列表元素的访问方式是类似的，只不过想要取到最深层的元素时，需要进行多次提取。例4-4展示了对嵌套元素的访问。

【例4-4】对嵌套元素进行提取。

```
classics_book = ['西游记',2,'xx出版社']
text_book = ['语文',5,'xx出版社']
book_list = [classics_book,text_book]
print('现有图书:',book_list)
print('第一类图书信息为:',book_list[0])
print('第二类图书信息为:',book_list[1])
print('第一类图书的书名为:',book_list[0][0])
```

运行上述程序，得到以下输出结果：

```
现有图书：[['西游记', 2, 'xx出版社'], ['语文', 5, 'xx出版社']]
第一类图书信息为：['西游记', 2, 'xx出版社']
第二类图书信息为：['语文', 5, 'xx出版社']
第一类图书的书名为：西游记
```

从结果可知，通过一层的索引只能提取到每类图书总的信息，而要想提取到每类图书的具体书名、本数以及出版社时，则需要再取到每类图书的基础上再进行索引提取。

（3）添加列表项

图书系统中的图书信息并非一成不变，当增加了新图书时，需要将新图书的信息添加到列表中，此处将通过append( )函数、insert( )函数、extend( )函数以及加号"+"等来实现图书信息的添加。

列表可以通过append( )函数将新元素添加到列表末尾，其基本格式如下：

```
列表名.append(新元素)
```

【例4-5】向现有图书列表中添加新图书。

```
book_list = ['西游记','三国演义','水浒传']
print('现有图书:',book_list)
book_list.append('红楼梦')
```

```
print('增加新图书后的图书列表:' ,book_list)
```

运行上述程序，得到以下输出结果：

现有图书：['西游记', '三国演义', '水浒传']
增加新图书后的图书列表：['西游记', '三国演义', '水浒传', '红楼梦']

通过结果可以看出，将图书《红楼梦》添加到了列表中。

append( )函数只能将新元素添加到列表的末尾，而无法指定添加位置。若想要向指定位置添加新元素，可以使用insert( )函数，其基本格式如下：

```
列表名 .insert (指定索引位置, 新元素)
```

【例4-6】向现有图书列表的指定位置添加新图书。

```
book_list = ['西游记','三国演义','水浒传']
print('现有图书:',book_list)
book_list.insert(2,'红楼梦')
print('向指定位置添加新图书后:',book_list)
```

运行上述程序，得到以下输出结果：

现有图书：['西游记', '三国演义', '水浒传']
向指定位置添加新图书后：['西游记', '三国演义', '红楼梦', '水浒传']

由结果可知，通过insert( )函数向索引为2的位置添加了新图书《红楼梦》，原索引位置及其后边的元素会依次向后移动一个位置。

Extend( )函数和使用加号"+"都是针对两个列表操作的，可实现列表新元素的批量新增，但两者还是有区别的。extend( )函数是将新列表中的元素批量新增到原列表中，而加号则是将新列表中的元素与原列表中的元素合并，生成到另一个新列表中。

【例4-7】分别通过加号以及extend( )函数向原图书列表中批量新增图书。

```
book_list = ['西游记','三国演义','水浒传']
print('原图书:',book_list)
book_list2 = ['红楼梦','狂人日记']
new_book_list = book_list + book_list2
print('通过加号批量新增之后的原图书列表:',book_list)
```

```
print('通过加号批量新增之后的新图书列表:',new_book_list)

book_list.extend(book_list2)
print('通过extend函数批量新增之后的原图书列表:',book_list)
```

运行上述程序，得到以下输出结果：

原图书：['西游记', '三国演义', '水浒传']
通过加号批量新增之后的原图书列表：['西游记', '三国演义', '水浒传']
通过加号批量新增之后的新图书列表：['西游记', '三国演义', '水浒传', '红楼
    梦', '狂人日记']
通过extend函数批量新增之后的原图书列表：['西游记', '三国演义', '水浒传',
    '红楼梦', '狂人日记']

【例4-8】乘法实现列表元素拼接。

```
book_list = ['西游记','三国演义','水浒传']
print('原图书:',book_list)
book_list2 = book_list * 3
print("原图书信息被复制了3遍:",book_list2)
```

运行上述程序，得到以下输出结果：

原图书：['西游记', '三国演义', '水浒传']
原图书信息被复制了3遍：['西游记', '三国演义', '水浒传', '西游记', '三
    国演义', '水浒传', '西游记', '三国演义', '水浒传']

注意：乘法操作不会改变原列表。

4.1.2　元组

微课4-2：
元组

　　元组是与列表相似的数据类型，也是由一系列按照特定顺序排序的元素组成，相邻元素由逗号分隔，且所有元素写在圆括号"( )"内（但不必须）。元组的关键字为tuple，可通过将特定列表放入到tuple( )函数的参数列表中，强制转换为元组。元组的元素类型也可以不同，支持整型、浮点型、字符串甚至可以是列表或者另一个元组。元组与列表的不同之处在于，元组的元素是不可以进行新增、修改或删除的。

　　（1）创建元组展示已有图书信息

　　元组的创建可以直接通过赋值运算符"="将一个元组赋值给变量，其基本格式如下：

```
变量名称 = （元素1，元素2，...,元素n）
```

或者是

```
变量名称 = 元素1，元素2，...,元素n
```

元组中元素的个数是没有限制的，元素的内容可以重复。

【例4-9】通过创建元组的形式，将已有图书进行展示。

```
book_tuple1 = ('西游记','三国演义','水浒传')
print('现有图书:',book_tuple1)
book_tuple2 = '西游记','三国演义','水浒传'
print('现有图书:',book_tuple2)
```

运行上述程序，得到以下输出结果：

```
现有图书: ('西游记', '三国演义', '水浒传')
现有图书: ('西游记', '三国演义', '水浒传')
```

元组有种特殊情况，即只包含一个元素时，元素后面也要添加逗号，否则将不会被识别为元组。

【例4-10】元组只包含一种图书的情况。

```
book_tuple1 = ('西游记')
#type()函数将返回参数的类型
print('book_tuple1的类型为:',type(book_tuple1))
book_tuple2 = ('西游记',)
print('book_tuple2的类型为:',type(book_tuple2))
```

运行上述程序，得到以下输出结果：

```
book_tuple1的类型为: <class 'str'>
book_tuple2的类型为: <class 'tuple'>
```

由结果可知，当元组中只有一个元素时，若加了逗号，则被识别为元组；若未加逗号，则元素为什么类型，便被识别为什么类型。

和列表一样，Python也可以定义空元组，其可应用在函数传递空值的情况下，具体语法格式如下：

```
变量名 = ()
```

（2）访问指定图书信息

现要访问指定的图书信息，元组与列表的实现方式是一样的，也是通过索引实现，该索引即为每个元素对应的一个编号，从左到右由0开始递增，即第1个元素的索引为0，第2个元素的索引为1，以此类推。元组的索引也可以从右向左进行编号，且表示方式为负数，即倒数第1个元素的索引为-1，倒数第2个元素的索引为-2，以此类推。

使用索引可以访问元组中任意元素，其基本格式如下：

```
变量名[索引值]
```

【例4-11】对图书元素进行提取。

```
book_tuple = ('西游记',('语文',5,'xx出版社'),'红楼梦')
print('现有图书:',book_tuple)
print('第一类图书信息为:',book_tuple[0])
print('第二类图书信息为:',book_tuple[1])
print('第三类图书信息为:',book_tuple[-1])
print('第二类图书的出版社为:',book_tuple[1][2])
```

运行上述程序，得到以下输出结果：

```
现有图书: ('西游记', ('语文', 5, 'xx出版社'), '红楼梦')
第一类图书信息为: 西游记
第二类图书信息为: ('语文', 5, 'xx出版社')
第三类图书信息为: 红楼梦
第二类图书的出版社为: xx出版社
```

例4-11将不同的元素类型（包括字符串和元组）加到了同一个元组中。通过单层索引提取时，只能提取到最外层的元素；若要提取内层元素，还需进行下一层次的索引。

（3）添加元组项

元组不支持修改，但与列表类似，其也支持加法以及乘法操作，且操作后不影响原元组，而是生成新的元组。

【例4-12】针对元组使用加号以及星号运算。

```
book_tuple1 = ('西游记','三国演义','红楼梦')
book_tuple2 = ('语文','数学','英语')
```

```
book_tuple3 = book_tuple1 + book_tuple2
print('进行加号运算得到的结果:',book_tuple3)
book_tuple4 = book_tuple1 * 2
print('进行星号运算得到的结果:',book_tuple4)
```

运行上述程序，得到以下输出结果：

进行加号运算得到的结果：('西游记'，'三国演义'，'红楼梦'，'语文'，'数学'，'英语')

进行星号运算得到的结果：('西游记'，'三国演义'，'红楼梦'，'西游记'，'三国演义'，'红楼梦')

例4-12中所得结果虽然相对于原元组发生了变化，但是结果中的元组其实是新生成的，故实际上并未对原元组的元素进行修改。

4.1.3　字典

字典也是 Python 中非常重要且常用的数据类型，其表示形式与列表差别比较大，是一种映射类型，使用花括号"{}"标识，且其元素是"键值"对。其关键字为 dict，可通过将特定序列放入到 dict() 函数的参数列表中，强制转换出一个字典。

微课 4-3：字典

（1）字典声明

字典是一个无序键值对集合，键值对由键（key）和值（value）组成，且键值内部使用冒号（:）分隔，每对键值之间使用逗号分隔，其中键作为字典中的索引，与其对应的值作为元素值。字典的基本格式如下：

变量名称 = { key1:value1, key2:value2,...,keyn:valuen}

【例4-13】通过创建字典的形式，将已有图书进行展示。

```
book_dict = {'图书1':'西游记', '图书2':'三国演义','图书3':'红楼梦'}
print("现有图书:",book_dict)
```

运行上述程序，得到以下输出结果：

现有图书：{'图书1': '西游记', '图书2': '三国演义', '图书3': '红楼梦'}

值得注意的是，字典的键值对个数是没有限制的，其中 key 值不可重复，且类型必须为不可变类型，常见的不可变类型包括数值、字符串、元组等；value 值则是可以重复的，且可以是任意数据类型。

【例4-14】通过字典展示重复图书信息。

```
book_dict = {'图书1':'西游记', '图书1':'三国演义','图书3':'红楼梦',
    '图书4':'红楼梦','图书5':['红楼梦',3,'xx出版社']}
print("现有图书:",book_dict)
```

运行上述程序，得到以下输出结果：

```
现有图书： {'图书1': '三国演义', '图书3': '红楼梦', '图书4': '红楼梦',
    '图书5': ['红楼梦', 3, 'xx出版社']}
```

由例4-14可知，'图书1':'西游记'和'图书1':'三国演义' 两对键值对的key值出现了重复的情况，所以在最终展示结果中，直接将前面的键值对（'图书1':'西游记'）去除，只保留后一对（'图书1':'三国演义'）。'图书3': '红楼梦'和'图书4': '红楼梦' 两对键值对的value出现了重复的情况，由最终展示结果可知，value值重复的情况是允许出现的。

同样的，字典不仅可以含有多个元素，还可以不包含任何元素，即空字典，具体语法格式如下：

```
变量名 =  {}
```

（2）访问指定图书信息

现要通过字典访问指定的图书信息。字典的访问方式与列表的访问方式形式不同，但原理相似，均是通过索引进行访问，只不过对于字典来说是将每个key值作为其访问的索引。

使用索引可以访问字典中任意value，其基本书写格式如下：

```
变量名[key值]
```

【例4-15】对图书元素进行提取。

```
book_dict = {'图书1':'西游记', '图书2':'三国演义','图书3':'红楼梦'}
print("现有图书:",book_dict)
print('图书1为:',book_dict['图书1'])
print('图书2为:',book_dict['图书2'])
print('图书3为:',book_dict['图书3'])
```

运行上述程序，得到以下输出结果。

现有图书：{'图书1'：'西游记'，'图书2'：'三国演义'，'图书3'：'红楼梦'}
图书1为：西游记
图书2为：三国演义
图书3为：红楼梦

对嵌套字典元素的提取方式是一样的，只不过想要取到最深层的元素时，需要用到多次提取。

【例4-16】对嵌套元素进行提取。

```
book_dict = {'图书1':{'书名':'西游记','本数':2,'出版社':'xx出版
    社'},'图书2':{'书名':'红楼梦','本数':5,'出版社':'xx出版社'}}
print("现有图书:",book_dict)
print('图书1的信息为:',book_dict['图书1'])
print('图书2的信息为:',book_dict['图书2'])
print('图书1的书名为:',book_dict['图书1']['书名'])
```

运行上述程序，得到以下输出结果。

```
现有图书：{'图书1': {'书名': '西游记', '本数': 2, '出版社': 'xx出版
    社'}, '图书2': {'书名': '红楼梦', '本数': 5, '出版社': 'xx出版
    社'}}
图书1的信息为：{'书名': '西游记', '本数': 2, '出版社': 'xx出版社'}
图书2的信息为：{'书名': '红楼梦', '本数': 5, '出版社': 'xx出版社'}
图书1的书名为：西游记
```

从结果可知，通过一层的索引只能提取到每类图书的信息，而要想提取到每类图书的具体书名、本数以及出版社时，则需要在提取到每类图书的基础上再进行提取。并且需要注意的是，例4-16出现了key值重复的情况，但是却未出现后边信息将前边信息覆盖的情况，这是因为这些重复的key值未出现在同一个字典中，而是被封装到了自己的字典范围内，故允许共存。

（3）新增图书信息

图书系统中图书信息的增加同样也可通过字典来实现。字典元素的添加不需要借助其他函数，直接通过对新键赋值即可，基本语法格式如下：

```
字典名[新key值] = value
```

若要实现新元素的添加，需要保证新key值与原字典中的key值不重复。

【例 4-17】向现有字典中添加新图书。

```
book_dict = {}
print('现有图书:',book_dict)
book_dict['图书1'] = '西游记'
print('新增一本图书后:',book_dict)
book_dict['图书2'] = '三国演义'
print('新增两本图书后:',book_dict)
book_dict['图书3'] = {'书名':'红楼梦','本数':5,'出版社':'xx出版社'}
print('新增三本图书后:',book_dict)
```

运行上述程序，得到以下输出结果。

```
现有图书: {}
新增一本图书后: {'图书1': '西游记'}
新增两本图书后: {'图书1': '西游记', '图书2': '三国演义'}
新增三本图书后: {'图书1': '西游记', '图书2': '三国演义', '图书3':
    {'书名': '红楼梦', '本数': 5, '出版社': 'xx出版社'}}
```

通过结果可以看出，可以不断通过新的 key 值向字典中添加键值对数据。

4.1.4　for 循环语句

微课 4-4：
for 循环

在 Python 中完成循环操作除了使用 while 语句外，还可使用 for 循环语句实现。for 循环语句实现的是计次循环，其循环语句可以从前到后遍历序列的每一个元素。

一般 for 循环语句用于遍历一个序列，其语句的基本格式如下：

```
for 循环变量 in 序列:
    语句
```

其中循环变量无须在进行 for 循环之前定义，其在循环的过程中，从左到右依次获取序列中的元素，并且直接在语句中使用即可。

【例 4-18】遍历已存储在列表中的图书。

```
book_list = ['西游记','三国演义','水浒传']
print('现有图书:',book_list)
print('使用for循环遍历出列表中每本图书:')
```

```
for book in book_list:
    print(book)
```

运行上述程序，得到以下输出结果：

现有图书：['西游记', '三国演义', '水浒传']
使用for循环语句遍历出列表中每本图书：
西游记
三国演义
水浒传

例4-18使用for循环语句遍历列表中每个元素并输出，上述操作方法同样适用于元组。值得注意的是，针对循环变量来说，其每次遍历只能获取到序列中的元素值，而不能通过循环变量直接完成对序列内容的修改。

【例4-19】遍历图书的同时试图通过循环变量修改序列内容。

```
book_list = ['西游记','三国演义','水浒传']
print('现有图书:',book_list)
print('使用for循环语句遍历出列表中每本图书:')
for book in book_list:
    book = '红楼梦'
print('经过循环遍历赋值之后的图书列表',book_list)
```

运行上述程序，得到以下输出结果：

现有图书：['西游记', '三国演义', '水浒传']
使用for循环语句遍历出列表中每本图书：
经过循环遍历赋值之后的图书列表['西游记', '三国演义', '水浒传']

通过例4-19可知，在for循环语句遍历的过程中，试图直接通过循环变量完成对序列内容的修改，但最终图书列表未发生变化。

除了列表以及元组外，for循环语句还可完成对字典元素的遍历。

【例4-20】遍历字典中的图书信息。

```
book_dict = {'图书1':{'书名':'西游记','本数':2,'出版社':'xx出版
    社'},'图书2':{'书名':'红楼梦','本数':5,'出版社':'xx出版社'}}
print('遍历字典的key值:')
```

```
for book in book_dict:
    print(book)
print('遍历字典的key值:')
for book in book_dict.keys():
    print(book)
print('遍历字典的value值:')
for book in book_dict.values():
    print(book)
```

运行上述程序，得到以下输出结果：

```
遍历字典的key值:
图书1
图书2
遍历字典的key值:
图书1
图书2
遍历字典的value值:
{'书名': '西游记', '本数': 2, '出版社': 'xx出版社'}
{'书名': '红楼梦', '本数': 5, '出版社': 'xx出版社'}
```

由例4-20的结果可知，若直接使用for循环语句遍历字典，循环变量得到的结果是每个key值，当然，遍历key值还可通过遍历book_dict.keys()（获取字典book_dict中的所有key值）来实现。若要遍历字典中的value值，则需要通过遍历book_dict.values()（获取字典book_dict中的所有value值）来实现。

for循环语句同样也可以搭配else语句来使用，else语句在for循环语句执行到正常结束时便会执行。若在循环体内使用中断指令强行退出循环而使得for循环语句无法正常结束，else语句便不会执行。其基本格式语法如下：

```
for 循环变量 in 序列:
    语句1
else:
    语句2
```

【例4-21】for循环语句搭配else语句实现遍历图书信息。

```
book_list = ['西游记','三国演义','水浒传']
```

```
print('现有图书:',book_list)
print('使用for循环语句遍历出列表中每本图书:')
for book in book_list:
    print(book)
else:
    print('for循环语句正常遍历结束')
```

运行上述程序，得到以下输出结果：

```
现有图书: ['西游记', '三国演义', '水浒传']
使用for循环语句遍历出列表中每本图书:
西游记
三国演义
水浒传
for循环语句正常遍历结束
```

由例4-21运行结果可知，当for循环语句正常结束时，便会执行else语句。
【例4-22】for循环过程中断时else语句的执行情况。

```
book_list = ['西游记','三国演义','水浒传']
print('现有图书:',book_list)
print('使用for循环语句遍历出列表中每本图书:')
for book in book_list:
    print(book)
    if book == '三国演义':
        break
else:
    print('for循环语句正常遍历结束')
```

运行上述程序，得到以下输出结果：

```
现有图书: ['西游记', '三国演义', '水浒传']
使用for循环语句遍历出列表中每本图书:
西游记
三国演义
```

由例4-22运行结果可知，未执行else语句，其原因是在循环中一旦执行了break子句，便会终止循环。

4.1.5　任务实现

本任务主要实现图书的新增功能，首先在main_menu.py中完成图书馆管理
系统主界面功能的设计。

微课 4-5：
新增图书信
息任务实现

main_menu.py 模块中代码实现：

```python
'''
主菜单
'''
#引入book_manage模块中的show_search函数
from book_manage import show_search
#设定登录账号密码
ADMIN_NAME = "admin"
ADMIN_PWD = "admin123"


MOST_TRY = 3
n_try = 1
#判断登录账号密码正误
while n_try <= MOST_TRY:
    user_name = input("请输入账号:")
    user_pwd = input("请输入密码:")
    if user_name != ADMIN_NAME or user_pwd != ADMIN_PWD:
        n_try = n_try + 1
        print("\n账号或密码输入错误,", end="")
        n = input("按Enter键重新输入")
    else:
        break;
else:
    print("\n账号或密码输入错误过多,请核对账号或密码后,重新启动系统 \n")
    exit()
#设定一级菜单名称
leng = 80
menu_title = "图书管理菜单"
menu_title_len = 12
```

```
menu_1_msg = "1.图书管理"
menu_1_msg_len = 10


menu_2_msg = "2.读者管理"
menu_2_msg_len = 10


menu_3_msg = "3.借阅管理"
menu_3_msg_len = 10


menu_4_msg = "4.退出系统"
menu_4_msg_len = 10
#菜单选择
while True:
    menu = "\n" + "*" * leng + "\n" + \
        "*" + " " * ((leng - menu_title_len - 2) // 2) + menu_
    title + " " * (
            (leng - menu_title_len) // 2) + "*\n" + \
        "*" + " " * (leng - 4) + "*\n" + \
        "*" + " " * ((leng - menu_1_msg_len - 2) // 2) + menu_1_
    msg + " " * (
            (leng - menu_1_msg_len - 2) // 2) + "*\n" + \
        "*" + " " * ((leng - menu_2_msg_len - 2) // 2) + menu_2_
    msg + " " * (
            (leng - menu_2_msg_len - 2) // 2) + "*\n" + \
        "*" + " " * ((leng - menu_3_msg_len - 2) // 2) + menu_3_
    msg + " " * (
            (leng - menu_3_msg_len - 2) // 2) + "*\n" + \
        "*" + " " * ((leng - menu_4_msg_len - 2) // 2) + menu_4_
    msg + " " * (
            (leng - menu_4_msg_len - 2) // 2) + "*\n" + \
        "*" * leng + "\n"
print(menu)
n = input("请输入选项(1/2/3/4):")
#输入为1时,进入图书管理2级菜单
```

```python
if n == "1":
    book_menu_title = "图书管理菜单"
    book_menu_title_len = 12

    book_menu_1_msg = "1.添加图书"
    book_menu_1_msg_len = 10

    book_menu_2_msg = "2.删除图书"
    book_menu_2_msg_len = 10

    book_menu_3_msg = "3.查询图书"
    book_menu_3_msg_len = 10

    book_menu_4_msg = "4.修改图书"
    book_menu_4_msg_len = 10

    book_menu_5_msg = "5.返回上级"
    book_menu_5_msg_len = 10

    while True:
        menu = "\n" + "*" * leng + "\n" + \
            "*" + " " * ((leng - book_menu_title_len - 2) // 2) + \
    book_menu_title + " " * (
                (leng - book_menu_title_len) // 2) + "*\n" + \
            "*" + " " * (leng - 4) + "*\n" + \
            "*" + " " * ((leng - book_menu_1_msg_len - 2) // 2) + \
    book_menu_1_msg + " " * (
                (leng - book_menu_1_msg_len - 2) // 2) + "*\n" + \
            "*" + " " * ((leng - book_menu_2_msg_len - 2) // 2) + \
    book_menu_2_msg + " " * (
                (leng - book_menu_2_msg_len - 2) // 2) + "*\n" + \
            "*" + " " * ((leng - book_menu_3_msg_len - 2) // 2) + \
    book_menu_3_msg + " " * (
                (leng - book_menu_3_msg_len - 2) // 2) + "*\n" + \
```

```
                "*" + " " * ((leng - book_menu_4_msg_len - 2) // 2) +
    book_menu_4_msg + " " * (
                (leng - book_menu_4_msg_len - 2) // 2) + "*\n" + \
            "*" + " " * ((leng - book_menu_5_msg_len - 2) // 2) +
    book_menu_5_msg + " " * (
                (leng - book_menu_5_msg_len - 2) // 2) + "*\n" + \
            "*" * leng + "\n"
        print(menu)


        n = input("请输入选项(1/2/3/4/5):")
        if n == "2" or n == "3" or n == "4":
            print("此功能待实现")
            break;
        #输入为1时,进行图书新增
        elif n == "1":
            show_insert()
            break;
        elif n == "5":
            break;
        else:
            print("按键选择错误")
            break;
    continue;


elif n == "2" or n ==  "3":
    print("此功能待实现")
    continue
elif n == "4":
    confirm_msg = "是否确认退出(y/n):"
    result = input(confirm_msg)
    if (result == "y"):
        print("\n退出系统")
        break
    else:
```

```
            continue
else:
    print("数值输入有误, 请重新输入")
    continue
```

book_manage.py 模块中代码实现:

```
"""
图书管理
"""
import os


def space(num):
    '''
    文件中信息间隔
    '''
    return " " * num


def is_exists(book_name:str):
    '''
    判断图书是否存在
    '''
    result = ""
    flag = False
    if os.path.exists("book.txt"):
        with open("book.txt","r",encoding="utf8") as f:
            content = f.readlines()
            for line in content:
                if book_name in line:
                    result = line
                    flag = True
    return flag,result
    pass


def insert(book_info):    #新增插入图书数量
```

```
        book_id, book_name = book_info
        if book_id == "" or book_name == "":
            print("书的编号与书名均不能为空!")
            return False
        is_exist, _ = is_exists(book_name)
        if is_exist:
            print(book_name + "已经存在,请核实")
            return False
        else:
            print(book_name + "不存在,正在保存...")
            with open("book.txt", "a+", encoding="utf8") as f:
                f.write(book_id + space(4) + book_name + space(4) +
    "True\n")
            return True
        pass


def show_insert():
    title = "增加图书\n"
    print(title)
    book_id = input("请输入图书编号:")
    book_name = input("请输入图书名称:")
    print()

    n = input("是否确认提交(y|n):")

    if n.lower() == "y":
        book_info = (book_id, book_name)
        if insert(book_info):
            print("新增图书成功保存")
        else:
            print("新增图书保存失败")

    print()
    n = input("新增图书结束,回车后返回")
```

任务 4.2　修改图书信息

修改图书
信息

任务描述

本任务需要实现修改图书信息的功能。当需要修改图书信息时，系统将接受用户输的图书编号进行检查，找到匹配的已存图书信息后，用户就可以按屏幕提示重新编辑图书信息并提交保存。

本任务将应用到函数和模块的相关技术。使用函数和模块能够对功能代码加以封装，利于代码重用和功能隔离，同时降低代码的复杂度，并提高可读性。

4.2.1　函数

微课 4-6：
函数

在 Python 中包含了许多系统内置的函数共用户直接使用，此外用户也可以自行定义函数并使用。

1. 函数的定义与使用

用户将要实现的功能模块定义在函数中称为自定义函数，自定义函数需要包含函数名称、函数参数以及函数体三部分。

Python 使用 def 关键字来定义函数，基本语法格式如下：

```
def 函数名(参数):
    函数体
    return 表达式
```

其中，函数的定义必须以 def 开头，函数名需要满足标识符的定义规则，参数可以是 0 个或多个，多个参数之间使用逗号分隔。函数体为该函数实现的功能。若需要该函数返回相应的值，则需要在 return 后添加相应内容，同时 Python 还支持同时返回多个内容；若无须返回任何值，则 return 后无须添加任何内容，也可直接将 return 语句删掉。一个函数中可以出现多个 return 语句，但最终生效的只有其中一个。

当要定义一个函数，但其函数体内容还没确定时，可使用 pass 语句先进行占位。等函数体内容确定后，再将 pass 语句替换即可。

【例 4-23】自定义函数。

```
def func1():
    """无函数体时,先使用pass进行占位"""
    pass
def booklist():
```

```
    """无参函数"""
    book_list = ['西游记','三国演义','水浒传']
    return book_list


def print_booklist(st r):
    """无返回值函数"""
    print(str)
def book_message(book_name, book_num):
    """含参且有返回值的函数"""
    return book_name + " " + book_num
def book_message2(book_name, book_num, publisher):
    """同时返回多个值"""
    book1 = book_name + book_num
    book2 = book_name + publisher
    return book1,book2
```

　　函数只是在定义阶段而不被调用时，运行函数定义程序不会产生任何结果。例4-23中一共创建了4种函数，后续代码编写过程中，可以参考上述函数创建方式，根据不同情况自定义函数。

　　函数定义完成后，可在需要用到该函数的时候进行调用。函数调用的基本语法格式如下：

```
函数名 (参数)
```

　　若无特殊参数存在时，函数定义了几个参数，在调用该函数时便需要传入对应个数的参数。若函数定义时存在返回值，可以在函数调用时用变量接收返回值；若返回值有多个，可以使用一个变量接收，也可以使用对应个数的变量进行接收。基本语法格式如下：

```
变量 = 函数名 (参数)
```

【例4-24】调用无参数函数。

```
#定义函数
def booklist():
    """无参函数"""
    book_list = ['西游记','三国演义','水浒传']
```

```
    return book_list
#调用函数,并将返回值赋值给book变量
book = booklist()
print(book)
```

运行上述程序,得到以下输出结果:

```
['西游记', '三国演义', '水浒传']
```

【例 4-25】调用多个返回值的函数。

```
#定义函数
def book_message2(book_name, book_num, publisher):
    """同时返回多个值"""
    book1 = book_name + "," + book_num
    book2 = book_name + "," + publisher
    return book1,book2
#调用函数,并将返回值赋值给book变量
book = book_message2('西游记','两本','xx出版社')
print(book)
#调用函数,并将返回值赋值给book1和book2变量
book1,book2 = book_message2('西游记','两本','xx出版社')
print(book1,book2)
```

运行上述程序,得到以下输出结果:

```
('西游记,两本', '西游记,xx出版社')
西游记,两本 西游记,xx出版社
```

例 4-25 中,分别在调用函数时使用一个变量和与返回值对应数量的两个变量进行接收。当使用一个变量接收时,所有返回结果组成一个元组赋值给该变量;当使用多个变量接收时,则按照顺序将返回值一一赋值给变量,注意此时返回值有几个,便需要使用几个变量来接收。

2. 内置函数

Python 内置了很多非常实用的函数,无须用户提前定义,直接调用即可完成相应功能。例如,对于列表的删除,即可通过 Python 内置函数 pop( ) 实现,其基本格式如下:

```
列表名.pop(索引值)
```

pop()函数的参数为所要删除列表元素的索引值,该索引值默认为-1,即pop()函数未写参数时,删掉列表中最后一个元素。

【例4-26】通过列表内置函数pop()实现图书的删除。

```
book_list = ['西游记','三国演义','水浒传']
print('现有图书:',book_list)
book_del = book_list.pop()
print('被删掉的图书:',book_del)
print('删掉相应图书后的图书列表',book_list)
```

运行上述程序,得到以下输出结果:

```
现有图书: ['西游记', '三国演义', '水浒传']
被删掉的图书: 水浒传
删掉相应图书后的图书列表 ['西游记', '三国演义']
```

由例4-26可知,可以使用变量接收被pop()函数删除的值。

除了使用pop()函数实现列表删除之外,还可使用del关键字完成列表元素或整个列表的删除,同时del关键字也适用于元组整体的删除(元组元素不可删除,但可将整个元组删除使其不再占用系统内存)。其基本格式如下:

```
#删除列表元素
del 变量名[索引值]
#删除整个列表
del 列表名
#删除整个元组
del 元组名
```

Python的内置函数还有很多,如len()函数代表获得参数的长度,一般传入的参数为序列,序列的元素个数为多少,则其长度即为多少。其基本格式如下:

```
len(序列名)
```

对于序列来说,还有一个比较常用的函数range(),其基本格式如下:

```
range(起始值,终止值,步长值)
```

该函数能生成由起始值开始、终止值结束（取不到）、步长为步长值的序列。其中，起始值可省略，默认值为0；终止值取不到，且不可省略；步长值可省略，默认值为1。

【例4-27】遍历range()函数生成序列。

```
for index in range(1,11,2):
    print('当前值为:',index)
```

运行上述程序，得到以下输出结果：

```
当前值为： 1
当前值为： 3
当前值为： 5
当前值为： 7
当前值为： 9
```

由例4-27结果可知，终止值11无法取到。

3. 函数参数

函数参数的作用是传递数据给函数，函数利用接收到的数据进行具体的功能实现。函数参数的特性与使用方法多样，下面将一一介绍。

微课 4-7：
函数参数

① 形式参数：定义函数时，定义在参数列表中的参数即为形式参数，简称形参。

② 实际参数：调用函数时，写在参数列表中的参数即为实际参数，简称实参。

在函数调用过程中，实际参数会代替形式参数传入函数体内进行函数的实现。

在Python中，数值、字符串、元组为不可变对象，而列表以及字典为可变对象，其作为参数进行传递时，执行情况会有所差异：当不可变对象传入函数作为参数时，无法在函数体内修改该对象的值；而当可变对象传入函数作为参数时，在函数体内可修改其值。

【例4-28】不可变对象作为参数传递到函数中。

```
#定义函数
def name_changed(book_name):
    book_name = '西游记'
book_name = '三国演义'
print('原图书名称:',book_name)
#调用函数,并将book_name进行传递
name_changed(book_name)
print('调用函数后的图书名称:',book_name)
```

运行上述程序，得到以下输出结果：

原图书名称：三国演义

调用函数后的图书名称：三国演义

由例4-28结果可知，虽然将book_name作为参数传递到了函数中，但调用函数后，该实际参数由于指向不可变对象，故其内容未发生变化。

在任务4.1中只是针对列表进行了创建、新增以及查询，本节将函数与列表元素的修改与删除结合以实现图书信息的修改。

由任务4.1可知，对列表查询时，使用列表名称加索引的方式即可完成，那么对于列表的修改来说，对上述查询语句赋予新值，即可完成对列表元素的修改。其基本格式如下：

变量名［索引值］= 新值

例4-29将可变对象——列表作为参数传递到函数中，查看对象变化情况。

【例4-29】将可变对象作为参数传递到函数中。

```
#定义函数
def list_changed(book_list):
    for index in range(0,len(book_list)):
        if book_list[index] == '三国演义':
            book_list[index] = '红楼梦'
book_list = ['西游记','三国演义','水浒传']
print('原图书列表为:',book_list)
#以列表作为参数传递到函数中
list_changed(book_list)
print('现图书列表为:',book_list)
```

运行上述程序，得到以下输出结果：

原图书列表为： ['西游记', '三国演义', '水浒传']

现图书列表为： ['西游记', '红楼梦', '水浒传']

由例4-29结果可知，由于列表为可变对象，故将其传递到函数后，在函数内部对其元素进行修改会改变其本身的值。另外需要注意的是，本例通过for循环修改了列表的值，是因为本例不是通过直接遍历列表中的元素实现的，而是直接遍历列表的下标，循环体内直接通过列表名[索引值]的形式对其元素进行了修改。

常用的函数参数类型可分为必要参数、默认参数、可变参数以及关键字参数，并且多种参数同时使用时，必要参数一定要放在最前面。

（1）必要参数

必要参数也称为位置参数，是最常见的一种参数形式。在进行函数调用时，必要参数必须以正确的顺序传入函数，并且参数数量也要与函数定义时一致。

【例4-30】必要参数实例。

```
#定义函数
def book_info(book_name,book_num,publisher):
    print('该书的书名:%s,数量为:%d,出版社为:%s'%(book_name,book_num,
    publisher))
#调用函数,按照顺序传入相同数量的参数
book_info('西游记',3,'xx出版社')
```

运行上述程序，得到以下输出结果：

```
该书的书名:西游记,数量为:3,出版社为:xx出版社
```

例4-30按照函数定义时的参数个数以及顺序传入了相应参数，若改变顺序或参数数量，则会产生相应的问题。

（2）默认参数

在定义函数时，可以为某些参数设定默认值。在调用函数时，如果为这些默认参数传入了值，则这些参数会使用传入的值；若未给这些默认参数传值，则会使用函数定义时赋予的默认值。

【例4-31】默认参数实例。

```
#定义函数
def book_info(book_name,book_num = 3,publisher = 'xx出版社'):
    print('该书的书名:%s,数量为:%d,出版社为:%s'%(book_name,book_num,
    publisher))
#调用函数,按照顺序传入不同数量的参数
book_info('西游记',10)
```

运行上述程序，得到以下输出结果：

```
该书的书名: 西游记, 数量为: 10, 出版社为: xx出版社
```

由例4-31结果可知，定义函数时，将参数book_num以及publisher设置为默认参数，且在调用时，只为book_num传了值，则最终book_num使用了传入的值，而由于未给publisher传值，所以其使用了默认值。

（3）可变参数

在实际的程序开发过程中，定义函数时可能不确定要传入的参数个数，此时可通过可变参数实现。若定义函数时定义了可变参数，则调用函数时可传入的实际参数可以是0个或任意多个。可变参数的定义与必要参数不一样，需要在该参数前加符号"*"，基本格式语法如下：

```
func1(*args)
```

【例4-32】可变参数实例，完成图书信息的修改。

```
#定义函数
def book_modify(book_list,*books):
    print(type(books))
    if len(books)%2 != 0:
        print("请输入偶数个数据")
        return
    books_index = 0
    while books_index < len(books)-1:
        list_index = 0
        while list_index < len(book_list):
            if book_list[list_index] == books[books_index]:
                book_list[list_index] = books[books_index+1]
            list_index += 1
        books_index += 2


book_list = ['西游记','三国演义','水浒传']
#调用函数，为可变参数传入两个值:"红楼梦"和"狂人日记"
book_modify(book_list, "西游记", "狂人日记", "红楼梦", "语文")
print("新图书列表为:",book_list)
```

运行上述程序，得到以下输出结果：

```
<class 'tuple'>
新图书列表为:  ['狂人日记', '三国演义', '水浒传']
```

例4-32中book_modify函数的功能为：第1个参数传入图书列表，并对可变参数传入多对图书数据，若传入的图书数据非偶数个时，便会输出提示语句并返回；若传入的为偶数个图书数据，则会判断每对图书中的第1本图书是否在图书列表中存在，如果存在，则将其替换成该对图书的第2本图书名称，若第1本图书不存在于图书列表中，则不进行操作，继续遍历下一对图书信息。

同时，在代码中加入了type(books)语句，type( )函数的功能为获取参数的数据类型。从结果可知，由可变参数传入函数的参数，无论传入几个值，均会将这些参数组成一个元组。

（4）关键字参数

关键字参数是指使用形式参数的名称确定传递的参数值。调用函数时，可以使用"形式参数名称=value"的形式，此时可以不依赖于函数定义时参数书写的顺序，只需要形式参数名称对应上，即可将value值传递给该参数。

【例4-33】关键字参数实例。

```python
#定义函数
def book_info(book_list, book1, book2, book3):
    print("原图书列表为:", book_list)
    print("第一本图书修改为:", book1)
    book_list[0] = book1
    print("第二本图书修改为:", book2)
    book_list[1] = book2
    print("第三本图书修改为:", book3)
    book_list[2] = book3
    print("新图书列表为:",book_list)


book_list = ['语文','数学','英语']
#调用函数,用关键字参数进行参数的指定
book_info(book_list, book2='西游记', book3='水浒传', book1='三国
    演义')
```

运行上述程序，得到以下输出结果：

```
原图书列表为: ['语文', '数学', '英语']
第一本图书修改为: 三国演义
第二本图书修改为: 西游记
第三本图书修改为: 水浒传
新图书列表为: ['三国演义', '西游记', '水浒传']
```

由例4-33结果可知，关键字参数可不依赖于函数定义的参数顺序进行参数的传递。

微课 4-8：
特殊函数

4. lambda 函数

lambda 函数又称为匿名函数，其可以正常地定义以及使用，并且多用于高阶函数中快速实现某项功能。其基本格式语法如下。

```
fun1 = lambda para : expr
```

其中，fun1 作为匿名函数的函数名，实际应用中若不需要可省略；para 为 lambda 函数的参数列表；expr 为 lambda 函数的函数体。在 lambda 函数中没有 return 语句，通过函数名 fun1 调用该匿名函数时，则使用方法和普通函数一致，返回值即为该 lambda 计算出的结果。当 lambda 配合高阶函数等使用时，无须指定函数名称，定义即调用。

【例 4-34】lambda 函数的普通用法。

```
#定义lambda函数
book_info = lambda book_name,book_num,publisher:'该书的书名:%s,数
    量为:%d,出版社为:%s'%(book_name,book_num,publisher)
#调用lambda函数
print(book_info('西游记',3,'xx出版社'))
```

运行上述程序，得到以下输出结果：

```
该书的书名:西游记,数量为:3,出版社为:xx出版社
```

此处引入 Python 内置函数 filter()，实现数据的过滤。该函数有两个参数，其基本格式语法如下：

```
filter(function, iterable)
```

其中，function 为函数，是过滤条件；iterable 为可迭代对象，是被过滤的序列。

【例 4-35】lambda 函数的搭配用法。

```
book_list = ['语文','数学','英语','西游记','水浒传']
#将lambda函数定义在filter()函数中,直接作为过滤条件
book_filter = filter(lambda book:len(book) == 2,book_list)
print(list(book_filter))
```

运行上述程序，得到以下输出结果：

```
['语文', '数学', '英语']
```

由例 4-35 可知，将 lambda 函数定义在 filter( ) 函数的参数位置直接使用，便可完成对数据的筛选，并且由于 filter( ) 函数筛选出的结果不是标准格式，故在代码最后使用了 list( ) 函数将其筛选结果转换为一个列表进行输出。

5. 递归函数

递归（Recursion）在数学与计算机科学中是指在函数的定义中使用函数自身的方法。在函数内部可以调用其他函数，如果一个函数在内部调用自身，就称为递归函数。

递归函数具有如下特性：

① 必须有一个明确的结束条件。

② 每次进入更深一层递归时，问题规模相比上次递归都应有所减少。

③ 相邻两次重复之间有紧密的联系，前一次要为后一次做准备（通常前一次的输出就作为后一次的输入）。

【例 4-36】计算 1 到 100 相加之和，通过循环方式实现。

```
def sum_n_xunhuan(n):                    #for 循环语句定义1到n求和
    sum=0
    for i in range(1,n + 1):
        sum += i
    return sum
print("循环求和:",sum_n_xunhuan(100))
```

运行上述程序，得到以下输出结果：

```
循环求和: 5050
```

【例 4-37】计算 1 到 100 相加之和，通过递归方式实现。

```
def sum_n_digui(n):                      #递归实现1到n求和
    if n > 0:
        return n + sum_n_digui(n-1)
    else:
        return 0
print("递归求和:",sum_n_digui(100))
```

运行上述程序，得到以下输出结果：

```
递归求和: 5050
```

递归函数的优点是定义简单、逻辑清晰。理论上，所有的递归函数都可以写成循环的方式，但循环的逻辑不如递归清晰。

递归函数还常用于解决斐波那契数列的问题。

【例4-38】递归实现斐波那契数列。

```python
def Fibonacci(n):
    if n == 1 or n == 2:
        return 1
    else :
        return Fibonacci(n-1) + Fibonacci(n-2)


n = int(input("请输入一个整数:"))
for i in range(1,n+1):
    print(Fibonacci(i))
```

运行上述程序，得到以下输出结果：

```
请输入一个整数:6
1
1
2
3
5
8
```

6. 返回函数

Python中的函数不但可以返回int、str、list、dict等数据类型，其高阶函数还可以把函数作为结果值返回。返回函数的主要作用是延迟执行一些计算。

将函数作为返回值是Python中返回函数最直接的应用，其基本语法格式可以简单定义如下：

```python
def f():
    print('call f()...')
    #定义函数g
    def g():
        print('call g()...')
    #返回函数g
    return g
```

最外层的函数 f( ) 会返回一个函数，也就是函数 g( ) 本身。

针对上述定义，若执行下述语句：

```
x = f()
```

则会得到如下结果：

```
call f()...
```

由结果可知，此时并未调用函数 f( ) 内部的函数 g( )。此时执行 print(x) 语句，则会得到如下结果：

```
<built-in function g>
```

由以上结果可知，当前 x 获取到的便是函数 g( )，若为其加上参数列表，即 x( )，便可对函数 g( ) 进行调用，所以接下来执行如下语句：

```
x()
```

便会得到如下结果：

```
call g()...
```

对于返回函数而言，在外部直接通过内部函数名称去调用内部函数是无法实现的。例如针对上述语句对函数 g( ) 直接调用，即使用语句 g( )，则代码会报错，提示函数 g( ) 未被定义。

为更好地说明 Python 中函数作为返回值的用法及作用，下面以对序列求和为例。

【例 4-39】序列求和函数。

```
def calc_sum(lst):
    sum(lst)
    return sum                          #将 Python 内置函数 sum() 作为返回值

r = calc_sum([1, 3, 5, 7, 9])           #调用 calc_sum(lst) 并没有计算出结
                                          果，而是返回函数
print(r)
print(r([1, 3, 5]))
```

运行上述程序，得到以下输出结果：

```
<built-in function sum>
9
```

由以上结果可知，虽然为 calc_sum( ) 函数传递了参数 [1, 3, 5, 7, 9]，但最终变量 r 获取到的依旧是 calc_sum( ) 函数返回的结果 sum，而未将 1、3、5、7、9 求和的结果赋予 r，这符合函数本身的特性。并且若为 r 添加参数列表，则相当于对 sum( ) 函数添加参数列表，所以最终得到的是 1、3、5、7 和 9。

在函数中可以（嵌套）定义另一个函数时，如果内部的函数引用了外部函数的变量，则这个内部的函数就可以被看成一个闭包。闭包可以用来在一个函数与一组"私有"变量之间创建关联关系。在给定函数被多次调用的过程中，这些私有变量能够保持其持久性，并受到一定的保护。

闭包存在的意义就是它支持外部变量的存在，而对于同一个函数，支持外部变量的存在就等于支持不同的功能。

【例 4-40】运用闭包打印书本的数量。

```
def func(book_name):                          #姓名参数为外部函数的变量
    def inner_func(book_num):
        print('book_name:', book_name, 'book_num:', book_num)
                                              #内部函数引用外部函数变量
    return inner_func


#调用func()函数时会产生一个闭包
book1 = func('西游记')
#调用返回函数
book1(26)
book1(100)
#调用func()函数时会产生另一个闭包
book2 = func('红楼梦')
#调用返回函数
book2(1)
book2(12)
```

运行上述程序，得到以下输出结果：

```
book_name: 西游记 book_num: 26
```

```
book_name: 西游记 book_num: 100
book_name: 红楼梦 book_num: 1
book_name: 红楼梦 book_num: 12
```

由以上结果可知，当使用外层函数形成闭包并且赋值某些参数时，后续针对该闭包的操作便都会带着那些参数的信息。

4.2.2　模块

微课4-9：
模块

Python提供了实现各种功能的模块，包括爬虫、数据分析、大数据、云计算、人工智能等，这也是Python成为一门强大语言的原因之一。Python不仅提供了大量的标准模块以及很多第三方模块，用户还可以自定义模块。这些强大的模块支持，提高了代码的复用性。

Python模块是包含函数定义以及属性定义的Python文件，其扩展名同样为py。一般把能够实现一定功能的代码编写在一个Python文件中作为模块，其可以被别的文件代码引入并使用。另外，使用模块还可以避免函数或者是变量名重复而带来的问题。可以将文件理解为模块，包则是多个模块的聚合体形成的文件夹，里面可以是多个py文件，也可以嵌套文件夹。

1. 创建模块

可以将相关的变量定义和函数定义编写在独立的Python文件中，创建模块实际上就是创建一个Python文件。创建模块时，注意模块名称不要与已存在的模块重名。模块创建成功后，便可在其他代码中导入并使用。

【例4-41】在当前项目文件夹下创建名称为book_info.py的模块，并在其中编写以下函数。

```
#模块book_info.py
#定义函数book_modify
def book_modify(book_list,*books):
    if len(books)%2 != 0:
        print("请输入偶数个数据")
        return
    books_index = 0
    while books_index < len(books)-1:
        list_index = 0
        while list_index < len(book_list):
            if book_list[list_index] == books[books_index]:
                book_list[list_index] = books[books_index+1]
```

```
            list_index += 1
        books_index += 2
#定义函数book_num
def book_num(book_list):
    return len(book_list)
```

编写完成后无须执行，等待其他程序代码调用即可。

2. 导入模块

Python 文件可以导入其他的模块文件，可以通过 import 语句导入，也可以使用 from-import 语句来导入。

使用 import 语句可将指定模块的所有属性以及函数进行导入，其基本语法格式如下：

```
import module1 [as alias]
import module2 [as alias]
...
import modulen [as alias]
```

其中，module1，module2，…，modulen 为要导入的模块，并且在每个被导入的模块后面均可添加语句 "as 别名"，即给当前模块起一个别名，其作用是可以在使用时代替原模块名称。另外，通过 import 语句导入多个模块，各模块名称以逗号间隔，但此种方式会降低代码的可读性，故建议不同模块分开导入。

【例4-42】使用 import 语句导入模块实例。在与 book_info.py 模块的相同项目文件夹下创建 demo4class.py 文件。

```
#demo4class.py
import book_info
import math

print(math.pi)
book_list = ['西游记','三国演义','水浒传']
#调用模块book_info中的book_modify函数
book_info.book_modify(book_list, "西游记", "狂人日记", "红楼梦",
    "语文")
print("新图书列表为:",book_list)
book_num = book_info.book_num(book_list)
print("图书的数目为:",book_num)
```

运行上述程序，得到以下输出结果：

```
3.141592653589793
新图书列表为：['狂人日记', '三国演义', '水浒传']
图书的数目为：3
```

例 4-42 引入了两个模块：自定义模块 book_info 以及系统模块 math，注意使用 import 语句引入时，模块名不可带扩展名 py。在代码中，使用 math.pi 的形式调用了属性 pi，输出 π 值；使用 "book_info.函数名" 的形式调用了函数 book_modify( ) 对图书信息进行了修改；调用了 book_num( ) 函数对图书数目进行了展示。

使用 import 语句进行模块导入时，每执行一条 import 语句便会创建一个新的命名空间，在该命名空间执行与 py 文件相关的所有语句。并且在进行属性或者函数调用时，都需要在其前边加上 "模块名."。而使用 from-import 语句则不需要在函数或者属性前添加 "模块名."，直接使用被调用模块中指定的函数或属性即可，其基本格式语法如下：

```
from modulename import name1 [,name2,[....namen]]
```

上述模块引入语句会将模块 modulename 中指定的函数或者属性进行引入，该模块中其他未引入的函数或者属性则无法使用。

【例 4-43】使用 from-import 语句导入模块实例。

```python
#demo4class.py
from book_info import book_modify


book_list = ['西游记','三国演义','水浒传']
#调用模块book_info中的book_modify()函数
book_modify(book_list, "西游记", "狂人日记", "红楼梦", "语文")
print("新图书列表为:",book_list)
```

运行上述程序，得到以下输出结果：

```
新图书列表为：['狂人日记', '三国演义', '水浒传']
```

例 4-43 通过 from-import 语句只引入了 book_info 模块中的 book_modify( ) 函数，则可以直接使用该函数名称进行调用，函数前无须加 "模块名."，并且没有引入 book_num( ) 函数，故无法在该 Python 文件中使用该函数。

4.2.3　任务实现

微课 4-10：
修改图书信
息任务实现

本任务主要实现图书的修改工作，首先在 main_menu.py 中完成图书馆里系统主界面功能的设计。

main_menu.py 模块中代码实现：

```python
'''
主菜单
'''
#引入 book_manage 模块中的 show_search() 函数
from book_manage import show_insert,book_modify
#设定登录账号密码
ADMIN_NAME = "admin"
ADMIN_PWD = "admin123"


MOST_TRY = 3
n_try = 1
#判断登录账号密码正误
while n_try <= MOST_TRY:
    user_name = input("请输入账号:")
    user_pwd = input("请输入密码:")
    if user_name != ADMIN_NAME or user_pwd != ADMIN_PWD:
        n_try = n_try + 1
        print("\n账号或密码输入错误,", end="")
        n = input("按 Enter 键重新输入")
    else:
        break;
else:
    print("\n账号或密码输入错误过多,请核对账号或密码后,重新启动系统\n")
    exit()
#设定一级菜单名称
leng = 80
menu_title = "图书管理菜单"
menu_title_len = 12
```

```python
menu_1_msg = "1.图书管理"
menu_1_msg_len = 10


menu_2_msg = "2.读者管理"
menu_2_msg_len = 10


menu_3_msg = "3.借阅管理"
menu_3_msg_len = 10


menu_4_msg = "4.退出系统"
menu_4_msg_len = 10
#菜单选择
while True:
    menu = "\n" + "*" * leng + "\n" + \
        "*" + " " * ((leng - menu_title_len - 2) // 2) + menu_
    title + " " * (
            (leng - menu_title_len) // 2) + "*\n" + \
        "*" + " " * (leng - 4) + "*\n" + \
        "*" + " " * ((leng - menu_1_msg_len - 2) // 2) + menu_1_
    msg + " " * (
            (leng - menu_1_msg_len - 2) // 2) + "*\n" + \
        "*" + " " * ((leng - menu_2_msg_len - 2) // 2) + menu_2_
    msg + " " * (
            (leng - menu_2_msg_len - 2) // 2) + "*\n" + \
        "*" + " " * ((leng - menu_3_msg_len - 2) // 2) + menu_3_
    msg + " " * (
            (leng - menu_3_msg_len - 2) // 2) + "*\n" + \
        "*" + " " * ((leng - menu_4_msg_len - 2) // 2) + menu_4_
    msg + " " * (
            (leng - menu_4_msg_len - 2) // 2) + "*\n" + \
        "*" * leng + "\n"
    print(menu)
    n = input("请输入选项(1/2/3/4):")
    #输入为1时,进入图书管理2级菜单
```

```
if n == "1":
    book_menu_title = "图书管理菜单"
    book_menu_title_len = 12


    book_menu_1_msg = "1.添加图书"
    book_menu_1_msg_len = 10


    book_menu_2_msg = "2.删除图书"
    book_menu_2_msg_len = 10


    book_menu_3_msg = "3.查询图书"
    book_menu_3_msg_len = 10


    book_menu_4_msg = "4.修改图书"
    book_menu_4_msg_len = 10


    book_menu_5_msg = "5.返回上级"
    book_menu_5_msg_len = 10


    while True:
        menu = "\n" + "*" * leng + "\n" + \
            "*" + " " * ((leng - book_menu_title_len - 2) // 2) +
book_menu_title + " " * (
                (leng - book_menu_title_len) // 2) + "*\n" + \
            "*" + " " * (leng - 4) + "*\n" + \
            "*" + " " * ((leng - book_menu_1_msg_len - 2) // 2) +
book_menu_1_msg + " " * (
                (leng - book_menu_1_msg_len - 2) // 2) + "*\n" + \
            "*" + " " * ((leng - book_menu_2_msg_len - 2) // 2) +
book_menu_2_msg + " " * (
                (leng - book_menu_2_msg_len - 2) // 2) + "*\n" + \
            "*" + " " * ((leng - book_menu_3_msg_len - 2) // 2) +
book_menu_3_msg + " " * (
                (leng - book_menu_3_msg_len - 2) // 2) + "*\n" + \
```

```
                    "*" + " " * ((leng - book_menu_4_msg_len - 2) // 2) +
book_menu_4_msg + " " * (
                    (leng - book_menu_4_msg_len - 2) // 2) + "*\n" + \
                    "*" + " " * ((leng - book_menu_5_msg_len - 2) // 2) +
book_menu_5_msg + " " * (
                    (leng - book_menu_5_msg_len - 2) // 2) + "*\n" + \
                    "*" * leng + "\n"
            print(menu)
            n = input("请输入选项(1/2/3/4/5):")
            if n == "2" or n == "3":
                print("此功能待实现")
                break;
            #输入为1时,进行图书新增
            elif n == "1":
                show_insert()
                break;
            elif n == "4":
                book_modify()
                break;
            elif n == "5":
                break;
            else:
                print("按键选择错误")
                break;
        continue;

   elif n == "2" or n ==  "3":
       print("此功能待实现")
       continue
   elif n == "4":
       confirm_msg = "是否确认退出(y/n):"
       result = input(confirm_msg)
       if (result == "y"):
           print("\n退出系统")
```

```
            break
        else:
            continue
    else:
        print("数值输入有误,请重新输入")
        continue
```

book_manage.py模块中代码实现:

```
"""
图书管理
"""
import os


def space(num):
    '''
    文件中信息间隔
    '''
    return " " * num


def is_exists(book_name:str):
    '''
    判断图书是否存在
    '''
    result = ""
    flag = False
    if os.path.exists("book.txt"):
        with open("book.txt","r",encoding="utf8") as f:
            content = f.readlines()
            for line in content:
                if book_name in line:
                    result = line
                    flag = True
    return flag,result
```

```python
        pass

def no_is_exists(book_no:str):
    '''
    通过编号判断图书是否存在
    '''
    result = ""
    flag = False
    if os.path.exists("book.txt"):
        with open("book.txt","r",encoding="utf8") as f:
            content = f.readlines()
            for line in content:
                if book_no in line:
                    result = line
                    flag = True
    return flag,result

def insert(book_info):    #新增插入图书数量
    book_id, book_name = book_info
    if book_id == "" or book_name == "":
        print("书的编号与书名均不能为空!")
        return False
    is_exist, _ = is_exists(book_name)
    if is_exist:
        print(book_name + "已经存在,请核实")
        return False
    else:
        print(book_name + "不存在,正在保存...")
        with open("book.txt", "a+", encoding="utf8") as f:
            f.write(book_id + space(4) + book_name + space(4) +
"True\n")
        return True
    pass
```

```python
def show_insert():
    title = "增加图书\n"
    print(title)
    book_id = input("请输入图书编号:")
    book_name = input("请输入图书名称:")
    print()

    n = input("是否确认提交(y|n):")

    if n.lower() == "y":
        book_info = (book_id, book_name)
        if insert(book_info):
            print("新增图书成功保存")
        else:
            print("新增图书保存失败")

    print()
    n = input("新增图书结束,回车后返回")

def book_message():
    with open('book.txt', 'r', encoding='utf-8') as f:
        content = f.read()
        print(content)
        return content
def book_modify():
    content = book_message()
    while True:
        book_id = input("请输入要修改的图书编号:")
        exist_flag, result = no_is_exists(book_id)
        if exist_flag:
            print(result)
            new_name = input("请输入书籍修改后的名称:")
            old_name = result.split("    ")[1]
            new_content = content.replace(old_name,new_name)
```

```
            print(new_content)
            with open("book.txt", "w", encoding="utf8") as f:
                f.write(new_content)
            break
        else:
            print("编号不存在")


    n = input("是否确认提交(y|n):")


    if n.lower() == "y":
        book_info = (book_id, new_name)
        if insert(book_info):
            print("新增图书成功保存")
        else:
            print("新增图书保存失败")


    print()
    n = input("新增图书结束,回车后返回")
```

项目实战　图书管理系统的图书查询设计实现

微课 4-11：
项目实战
图书管理系
统的图书查
询设计实现

1. 业务描述

本项目主要完成图书查询功能，在选择菜单中选择查询图书后，便可对图书的详细信息进行查询。

2. 系统流程

管理员登录验证通过后将进入系统主菜单界面，如图4-1所示。

项目文档
图书管理系
统的图书查
询设计

图 4-1　主菜单界面

在主菜单中输入"1"后，将进入"图书管理"子菜单，如图4-2所示。

图 4-2　"图书管理"子菜单界面

在该菜单中输入"3"，进入"查询图书"界面，如图4-3所示。

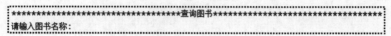

图 4-3　"查询图书"界面

输入要查询的书名后，系统会显示该书的状态（存在、注销、不存在），如图4-4所示。

图 4-4　图书查询结果界面

3. 功能实现

提前创建好book.txt用于存储图书信息，并提前写入测试数据。

1	三国演义	True
2	西游记	False
3	水浒传	False

main_menu.py模块中代码实现：

main_menu.
py 模块代码

```python
'''
主菜单
'''
#引入book_manage模块中的show_search()函数
from book_manage import show_search,show_insert,book_modify
#设定登录账号密码
ADMIN_NAME = "admin"
ADMIN_PWD = "admin123"
```

```python
MOST_TRY = 3
n_try = 1
#判断登录账号密码正误
while n_try <= MOST_TRY:
    user_name = input("请输入账号:")
    user_pwd = input("请输入密码:")
    if user_name != ADMIN_NAME or user_pwd != ADMIN_PWD:
        n_try = n_try + 1
        print("\n账号或密码输入错误,", end="")
        n = input("按Enter键重新输入")
    else:
        break;
else:
    print("\n账号或密码输入错误过多,请核对账号或密码后,重新启动系统 \n")
    exit()
#设定一级菜单名称
leng = 80
menu_title = "图书管理菜单"
menu_title_len = 12

menu_1_msg = "1.图书管理"
menu_1_msg_len = 10

menu_2_msg = "2.读者管理"
menu_2_msg_len = 10

menu_3_msg = "3.借阅管理"
menu_3_msg_len = 10

menu_4_msg = "4.退出系统"
menu_4_msg_len = 10
#菜单选择
while True:
    menu = "\n" + "*" * leng + "\n" + \
```

```
        "*" + " " * ((leng - menu_title_len - 2) // 2) + menu_
title + " " * (
            (leng - menu_title_len) // 2) + "*\n" + \
        "*" + " " * (leng - 4) + "*\n" + \
        "*" + " " * ((leng - menu_1_msg_len - 2) // 2) + menu_1_
msg + " " * (
            (leng - menu_1_msg_len - 2) // 2) + "*\n" + \
        "*" + " " * ((leng - menu_2_msg_len - 2) // 2) + menu_2_
msg + " " * (
            (leng - menu_2_msg_len - 2) // 2) + "*\n" + \
        "*" + " " * ((leng - menu_3_msg_len - 2) // 2) + menu_3_
msg + " " * (
            (leng - menu_3_msg_len - 2) // 2) + "*\n" + \
        "*" + " " * ((leng - menu_4_msg_len - 2) // 2) + menu_4_
msg + " " * (
            (leng - menu_4_msg_len - 2) // 2) + "*\n" + \
        "*" * leng + "\n"
print(menu)
n = input("请输入选项(1/2/3/4):")
#输入为1时,进入图书管理2级菜单
if n == "1":
    book_menu_title = "图书管理菜单"
    book_menu_title_len = 12

    book_menu_1_msg = "1.添加图书"
    book_menu_1_msg_len = 10

    book_menu_2_msg = "2.删除图书"
    book_menu_2_msg_len = 10

    book_menu_3_msg = "3.查询图书"
    book_menu_3_msg_len = 10

    book_menu_4_msg = "4.修改图书"
```

```
        book_menu_4_msg_len = 10


        book_menu_5_msg = "5.返回上级"
        book_menu_5_msg_len = 10


        while True:
            menu = "\n" + "*" * leng + "\n" + \
                "*" + " " * ((leng - book_menu_title_len - 2) // 2) +
book_menu_title + " " * (
                    (leng - book_menu_title_len) // 2) + "*\n" + \
                "*" + " " * (leng - 4) + "*\n" + \
                "*" + " " * ((leng - book_menu_1_msg_len - 2) // 2) +
book_menu_1_msg + " " * (
                    (leng - book_menu_1_msg_len - 2) // 2) + "*\n" + \
                "*" + " " * ((leng - book_menu_2_msg_len - 2) // 2) +
book_menu_2_msg + " " * (
                    (leng - book_menu_2_msg_len - 2) // 2) + "*\n" + \
                "*" + " " * ((leng - book_menu_3_msg_len - 2) // 2) +
book_menu_3_msg + " " * (
                    (leng - book_menu_3_msg_len - 2) // 2) + "*\n" + \
                "*" + " " * ((leng - book_menu_4_msg_len - 2) // 2) +
book_menu_4_msg + " " * (
                    (leng - book_menu_4_msg_len - 2) // 2) + "*\n" + \
                "*" + " " * ((leng - book_menu_5_msg_len - 2) // 2) +
book_menu_5_msg + " " * (
                    (leng - book_menu_5_msg_len - 2) // 2) + "*\n" + \
                "*" * leng + "\n"
            print(menu)


            n = input("请输入选项(1/2/3/4/5):")
            if n == "2":
                print("此功能待实现")
                break;
            elif n == "1":
```

```python
                show_insert()
                break;
            #输入为3时,进行图书查询
            elif n == "3":
                show_search()
                break;
            elif n == "4":
                book_modify()
                break;
            elif n == "5":
                break;
            else:
                print("按键选择错误")
                break;
        continue;

    elif n == "2" or n ==  "3":
        print("此功能待实现")
        continue
    elif n == "4":
        confirm_msg = "是否确认退出(y/n):"
        result = input(confirm_msg)
        if (result == "y"):
            print("\n退出系统")
            break
        else:
            continue
    else:
        print("数值输入有误,请重新输入")
        continue
```

book_manage.py模块中代码实现:

```python
"""
图书管理
```

book_manage.
py 模块代码

```python
"""
import os

def space(num):
    '''
    文件中信息间隔
    '''
    return " " * num

def is_exists(book_name:str):
    '''
    判断图书是否存在
    '''
    result = ""
    flag = False
    if os.path.exists("book.txt"):
        with open("book.txt","r",encoding="utf8") as f:
            content = f.readlines()
            for line in content:
                if book_name in line:
                    result = line
                    flag = True
    return flag,result
    pass

def search(book_name:str):
    '''
    查询图书借阅信息
    '''
    #查询一个图书是否存在(存在、 注销、 不存在)
    flag,content = is_exists(book_name)
    if flag == False:
        print(book_name + "不存在")
        return False
```

```
    else:
        book_list = content.split()
        if book_list[-1] == "True":
            print(book_name + "存在")
            return True
        else:
            print(book_name + "已被注销")
            return False


def show_search():
    '''
    显示查询图书借阅信息
    '''
    title = "*" * 34 + "查询图书" +"*" * 34
    print(title)
    book_name = input("请输入图书名称:")
    if book_name == "":
        print("查询书名不能为空!")
    else:
        search(book_name)
    n = input("查询图书结束,回车后返回")


def no_is_exists(book_no:str):
    '''
    通过编号判断图书是否存在
    '''
    result = ""
    flag = False
    if os.path.exists("book.txt"):
        with open("book.txt","r",encoding="utf8") as f:
            content = f.readlines()
            for line in content:
                if book_no in line:
                    result = line
```

```python
                    flag = True
    return flag,result


def insert(book_info):    #新增插入图书数量
    book_id, book_name = book_info
    if book_id == "" or book_name == "":
        print("书的编号与书名均不能为空!")
        return False
    is_exist, _ = is_exists(book_name)
    if is_exist:
        print(book_name + "已经存在,请核实")
        return False
    else:
        print(book_name + "不存在,正在保存...")
        with open("book.txt", "a+", encoding="utf8") as f:
            f.write(book_id + space(4) + book_name + space(4) +
    "True\n")
        return True
    pass


def show_insert():
    title = "增加图书\n"
    print(title)
    book_id = input("请输入图书编号:")
    book_name = input("请输入图书名称:")
    print()

    n = input("是否确认提交(y|n):")

    if n.lower() == "y":
        book_info = (book_id, book_name)
        if insert(book_info):
            print("新增图书成功保存")
        else:
```

```
            print("新增图书保存失败")


    print()
    n = input("新增图书结束,回车后返回")


def book_message():
    with open('book.txt', 'r', encoding='utf-8') as f:
        content = f.read()
        print(content)
        return content
def book_modify():
    content = book_message()
    while True:
        book_id = input("请输入要修改的图书编号:")
        exist_flag, result = no_is_exists(book_id)
        if exist_flag:
            print(result)
            new_name = input("请输入书籍修改后的名称:")
            old_name = result.split("    ")[1]
            new_content = content.replace(old_name,new_name)
            print(new_content)
            with open("book.txt", "w", encoding="utf8") as f:
                f.write(new_content)
            break
        else:
            print("编号不存在")


    n = input("是否确认提交(y|n):")


    if n.lower() == "y":
        book_info = (book_id, new_name)
        if insert(book_info):
            print("新增图书成功保存")
        else:
```

```
            print("新增图书保存失败")


    print()
    n = input("新增图书结束，回车后返回")
```

项目小结

　　本项目主要通过序列、循环、函数以及模块等实现了图书新增、修改以及删除功能。最后，通过函数与列表实现了图书的查询功能。

习题

习题答案

一、选择题

　　1. 以下关于 for 循环语句的说法中，正确的是（　　　　　）。

　　　　A. 一般情况下，for 循环语句可以遍历到列表中的所有元素

　　　　B. For 语句循环可以搭配 else 语句使用

　　　　C. For 语句循环不能搭配 break 语句使用

　　　　D. 在 for 循环语句中，循环变量无须提前定义

　　2. 以下关于模块的说法中，正确的是（　　　　　）。

　　　　A. 模块可通过 import 语句进行引入，且可以为模块起一个别称

　　　　B. 模块可以分为标准模块、第三方模块以及自定义模块

　　　　C. 模块引入时，需要加扩展名 py

　　　　D. 当模块与代码文件处于同一项目文件夹下时，无须将模块导入，也可在代码文件中使用模块中的函数以及属性

二、判断题

　　1. 由于元组无法新增数据，所以无法创建空元组。　　　　　　　　　　（　　　）

　　2. 函数的参数可以有多个，也可以没有。　　　　　　　　　　　　　　（　　　）

　　3. 匿名函数在很多时候是可以完全实现普通函数的功能的。　　　　　　（　　　）

三、填空题

　　1. Python 列表的关键字为_____。

　　2. Python 元组内的元素不能进行_____、_____和_____操作。

　　3. Python 字典的每对键值对之间是通过_____分隔的。

项目5
实现图书的借阅和归还

图书管理系统的核心功能之一是实现图书的借阅和归还。本项目将采用面向对象方法实现图书的借阅和归还功能，主要介绍类、对象、继承以及元编程的部分知识，并讲解面向对象编程的思维方法和相关实现技术。

本项目学习目标

知识目标

◆ 掌握面向对象程序设计的基本概念。

◆ 了解面向对象程序设计产生的原因。

◆ 掌握 Python 的面向对象程序设计的相关语法。

◆ 掌握面向对象三大基本特征。

◆ 熟悉弱引用。

◆ 了解元编程。

技能目标

◆ 掌握基于面向对象程序设计的思维方法。

◆ 掌握控制对象的生命周期技术。

◆ 掌握成员封装的实现方法。

◆ 掌握特殊类的使用方法。

◆ 熟悉包的使用方法。

◆ 掌握类的常用内置成员应用。

素养目标

◆ 通过面向对象技术控制成员访问，实现对象成员的精细控制，在此过程中逐步建立代码质量意识，养成"自我完善"态度，同时理解程序逐渐完善的过程。

◆ 在本项目案例反复演练揣摩的过程中，理解"实践没有止境"的含义，并培养不断精进的工匠精神。

◆ 面向对象的程序设计需要从程序整体出发，统筹协调各个模块，在此基础上培养建立"系统思维"。

任务 5.1　信息对象化

信息对象化

任务描述

　　面向对象程序设计最显著特点是将数据与操作绑定在一起，执行单位以对象的形式出现。使用这种方式有诸多好处，例如可以减少因全局变量的泛滥使用带来的一系列严重问题。

　　本任务主要实现图书借阅功能相关类型信息的对象化。由于之前任务功能的实现基本上是基于结构化思想构建的，所以代码健壮性和重用性有所欠缺，因此在本任务中将使用面向对象的方式完成代码实现。本任务将主要针对借阅图书功能中涉及的图书信息和用户信息，建立对应的数据类型。在数据类型设计中，则主要涉及初始化和对象序列化处理。

　　本任务通过学习面向对象程序设计中的基本概念和技术，让学习者能够清楚认识 Python 中面向对象编程的特点和知识，掌握基本的面向对象思维方法，最终完成图书等信息对象化的实现，并为后续实现图书借阅功能做好铺垫工作。

5.1.1　结构化设计的问题

　　20 世纪末，软件危机的出现促使人们思考新的程序编写思想和语言。在该时期，为了处理主程序和子程序间共享信息的问题，很多具备一定规模的程序设置了大量的全局变量。如图 5-1 所示的某程序包括 3 个子程序，分别为 A、B 和 C，共享一个全局变量。程序执行过程中，任何子程序对全局变量的修改都会影响到其他两个子程序的状态，从而造成程序状态的混乱。

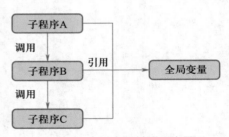

图 5-1　全局变量关联示意图

　　当类似上述情形的程序变得越来越复杂时，问题会非常棘手。虽然后续结构化程序编写者普遍采用了局部变量和值传递的方式，降低了全局变量的使用频率，但随着软件寿命的延长以及软件规模的增长，全局变量问题依然未能有效解决。

　　结构化设计的另一个问题是代码可重用性不强。结构化程序设计的代码中能够重用的最小单位是子程序，但有些程序重用并不是整个子程序，所以以子程序为单位的代码重用显得十分笨重，需要打破子程序的界限。

　　随着程序设计思想和技术的积累和发展，软件设计者终于找到了解决上述问题的突破性方法，也就是采用以数据为中心的面向对象程序设计。

5.1.2　类的定义和实例化

　　面向对象程序设计有两个非常重要的概念：类和对象。对象是汇集了函数和变量的物理执行单元。类是描述具有相同特征和行为的对象集合统称，是创建对

微课 5-1：
类的定义和
实例化

象的模板。对象是根据类创建的，可以根据类的定义创建多个对象。如图5-2所示，可以通过"猫"这个类型创建多个相似猫的实例。

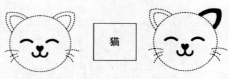

图5-2　类与实例

从另一角度看，类是对象的抽象，对象是类的具体化。程序在使用对象之前，必须先定义对应的类。

普通类的定义由以下3部分组成。

① 类的名称：名称是类的标识，一般采用大驼峰命名法，如Person。

② 成员变量：用于描述特征，如"性别"。

③ 成员方法：用于描述行为，如"计算"。

在Python中，定义类的伪代码语法格式如下：

```
class类的名称：
    [类成员变量名 = 类成员变量值]
    def __init__(self):
        方法体


    def 方法名(self, [参数1, 参数2, ...]):
        方法体
```

伪代码的方式比较抽象，下面以Python语言定义一个Car类来具体展示类定义的基本方式。

【例5-1】创建一个汽车Car类。

```
class Car:
    speed = 40        #类成员变量
    def __init__(self):
        pass


    def speedup(self,val):
        self.speed += val


    def drive(self):
        print("行驶速度" + str(self.speed))
```

Car类定义后，需要以特定方式完成实例化。下面的代码定义了创建对象实例car的语法。

```
car = Car()
```

执行上述语句，Python解释器会在内存中分配一定空间，然后在该空间创建Car对象的实例，并通过赋值方式将其引用赋值给变量car。有了对象的引用变量car，就可以通过该变量调用实例成员，也就是定义在类中的成员变量或方法。对象成员的调用过程使用了Python的属性运算符，也称点运算符，具体方式如下：

```
car.drive()
```

执行上述语句，就可以触发变量car对应实例的drive( )方法的执行，在屏幕上输出如下内容：

行驶速度 40

有了对象之后，程序的执行逻辑就可以从之前的函数交互演变为对象间的交互。

对于产生的对象实例而言，可以通过成员__class__找到创建的类对象，具体获取方式如下：

```
car.__class__
```

以上展示了Python中类和对象最一般化的定义和使用方法。除了类似上述定义类的方式外，Python还支持在其他程序元素中嵌套定义类的方式，如例5-2中在函数中定义类。

【例5-2】函数内定义类。

```
def test():
    class X:
        i = 100
        pass

    return X()
```

注意上述程序定义的类X是局部的，意味着只能在test函数体内访问，在外部不能直接访问，这也符合Python函数的一般作用域规则。

5.1.3　成员变量

成员变量就是数据域，也称特征或字段，用来保存类或对象的状态数据。在设计类时，应当根据实际数据状况来抽象出成员变量。例如，自然界各类昆虫外

微课 5-2：
成员变量

观并不相同，但都有触角、翅膀和花纹。如果需要定义一个昆虫类，这些共性特征都可以抽象成为成员变量。

成员变量通常有类成员变量和实例成员变量两种。

① 类成员变量是声明在类内部、方法外部的成员变量，一般用于设置所有实例共享值的成员变量。可以通过类或对象进行访问，但只能通过类进行修改。类成员变量在整个实例化的对象中是公用的。

② 实例成员变量是定义在方法内部，一般是初始化方法中声明的成员变量。

例5-3展示了两种不同成员变量的应用方法。

【例5-3】创建一个包含成员变量的类。

```python
class MyClass:
    cls_prop= "cls_prop" #类成员变量


    def __init__(self):
        self.ins_prop= "ins_prop" #实例成员变量


    def show(self):
        print(self.ins_prop)
```

以上代码中，在__init__方法中使用的self，代表当前实例运行时自身的引用。Python会在对象实例化后自动绑定类方法的第1个参数self，将其指向调用该方法的对象。

可以使用类似下列语句，在类外部访问使用类成员变量。

```python
print(MyClass.cls_prop)
```

同样，可使用实例引用访问到实例成员变量，代码如下：

```python
ins = MyClass()
print(ins.ins_prop)
```

在Python中，也可以通过实例访问到类成员变量，代码如下：

```python
print(ins.cls_prop)
```

Python中类和实例都有各自的命名空间，命名空间是默认存储成员的内存空间。如果想查看命名空间中内容，可以通过__dict__变量获取其代理并进行查看。

```python
MyClass.__dict__
```

以上代码执行后，将返回一个mappingproxy对象，该对象是命名空间的代理类型，具体结果如下：

```
mappingproxy({'__module__': '__main__',
    'cls_prop': 'cls_prop',
    '__init__': <function __main__.MyClass.__init__(self)>,
    'show': <function __main__.MyClass.show(self)>,
    '__dict__': <attribute '__dict__' of 'MyClass' objects>,
    '__weakref__': <attribute '__weakref__' of 'MyClass' objects>,
    '__doc__': None})
```

由上面结果可见，类成员变量cls_prop存在于类的命名空间之中。如果想查看实例的命名空间，也可以通过类似的方式获得，具体如下：

```
ins.__dict__
```

以上代码执行后，将得到一个字典结果，具体结果如下：

```
{'ins_prop': 'ins_prop'}
```

此外，Python中还存在一个vars()函数，其效果与查看__dict__成员相同，使用方式如下：

```
vars(ins)
```

程序执行中，一旦为类或实例变量重新赋值，就会在相应的命名空间中遮蔽原变量，例如：

```
ins.ins_prop = 'ins_prop1'
```

再次查看命名空间，则命名空间将会被修改为：

```
{'ins_prop': 'ins_prop1'}
```

如果在运行时要添加新的成员，如给类添加新的成员变量，语句如下：

```
MyClass.other_cls_prop='other_cls_prop'
```

此时如果查看类的命名空间，则会增加新的成员，具体如下：

```
mappingproxy({'__module__': '__main__',
```

```
    'cls_prop': 'cls_prop',
    '__init__': <function __main__.MyClass.__init__(self)>,
    'show': <function __main__.MyClass.show(self)>,
    '__dict__': <attribute '__dict__' of 'MyClass' objects>,
    '__weakref__': <attribute '__weakref__' of 'MyClass' objects>,
    '__doc__': None,
    'other_cls_prop': 'other_cls_prop'})
```

5.1.4 方法

方法就是对象的功能域，用来定义对象能够提供的功能。在设计类时，一般根据使用者关注的功能和控制要求来设计方法。

微课 5-3：
方法

常见的方法类型包括实例方法、类方法和静态方法等。

（1）实例方法

实例方法形似函数，但它定义在类的内部，一般以 self 为第 1 个形参，代表对象本身。实例方法只能通过对象引用进行调用，如例 5-4 所示。

【例 5-4】实例方法。

```
class Car:
    def drive(self):                    #实例方法
        print("我是实例方法")


car = Car()
car.drive()                             #通过对象调用实例方法
Car.drive()                             #通过类调用实例方法
```

因为该方法为实例方法，不能使用类名方式访问调用。因此，在上述代码执行到最后一行时，采用类名方式调用方法 drive( ) 会出现错误。

实例方法与普通的函数只有一个特别的区别，即第 1 个参数必须为实例引用，一般参数名为 self。需要注意的是，self 不是 Python 的关键字，把其换成任意合法标识符都是可以正常执行的。

【例 5-5】创建一个非 self 参数的实例方法。

```
class MyClass:
    name1 = "name1"
```

```
    def __init__(me):
        me.name2 = "name2"


    def show(me):
        print(me.name2)
```

实例方法本身都有一个只读成员__self__，其值指向方法所在实例本身。

【例5-6】__self__应用。

```
class MyClass:
    def __init__(self,data):
        self.data = data


    def show(self):
        print(self.data)
```

创建两个 MyClass 类型的实例，并通过实例方法查看__self__，代码如下：

```
ins1 = MyClass("1")
ins2 = MyClass("2")
print(ins1.show.__self__)
print(ins2.show.__self__)
```

执行上面代码后，将输出如下内容：

```
<__main__.MyClass at 0x7f47685e9d30>
<__main__.MyClass at 0x7f47685e9ee0>
```

本例输出的结果说明__self__是方法所在各自对象实例的引用。

（2）类方法

类方法是定义在类内部，使用装饰器@classmethod修饰的方法。第1个参数为cls，代表类本身。类方法可以通过类和对象引用进行调用。类方法的方法体中可以使用cls访问和修改类变量的值，例5-7演示了类方法的应用方法。

【例5-7】类方法应用。

```
class Car:
    wheels = 4
```

```
        @classmethod
        def get_wheel(cls):    #类方法
            return cls.wheels
```

在调用类方法的时候，可以使用实例调用，也可以使用类调用，代码如下：

```
car = Car()
Car.get_wheel()
car.get_wheel()
```

除了上述两种常见方法，还有几种特殊的方法，包括静态方法和抽象方法，这些方法需要配合装饰器进行定义。关于抽象方法，将会在后续中介绍。

（3）静态方法

静态方法是定义在类内部，使用装饰器 @staticmethod 修饰的方法，没有任何默认参数。静态方法内部不能直接访问属性或方法，但可以使用类名访问类成员等。

【例5-8】静态方法。

```
class Car:
    wheels = 4


    @staticmethod
    def test():
        print("我是静态方法")
        print(f"类属性的值为{Car.wheels}")        #静态方法中访问类属性
```

静态方法的调用可以采用如下方式：

```
Car.test()
```

可以通过 vars() 函数查看此时类的命名空间，代码如下：

```
vars(Car)
```

执行上述代码，将得到如下结果：

```
mappingproxy({'__module__': '__main__',
    'wheels': 4,
```

```
'test': <staticmethod at 0x7fcb44153100>,
'__dict__': <attribute '__dict__' of 'Car' objects>,
'__weakref__': <attribute '__weakref__' of 'Car' objects>,
'__doc__': None})
```

可以明显看到test( )作为静态方法存储在类的命名空间之中。

因为变量根据位置可分为外部变量、类变量和实例变量，一旦在方法体内访问变量时，可能会使读者在解读时引起混淆，以例5-9说明变量的访问规则，具体代码如下。

【例5-9】成员变量的访问。

```
x = 1

class Demo:
    x = 2
    def __init__(self,x):
        self.x = x

    def show(self):
        print(x)
        print(self.x)
```

如果实例化后调用show( )方法，代码如下：

```
o = Demo(3)
o.show()
```

Show( )方法第1个打印输出x为1，即输出了全局变量x的值。如果对成员变量的访问查找规则产生怀疑，可以借助dis库查看反编译代码。

```
import dis
dis.dis(Demo)
```

执行上述代码，系统将输出如下内容：

```
Disassembly of __init__:
6           0 LOAD_FAST               1 (x)
            2 LOAD_FAST               0 (self)
```

```
              4 STORE_ATTR           0  (x)
              6 LOAD_CONST           0  (None)
              8 RETURN_VALUE


Disassembly of show:
9             0 LOAD_GLOBAL          0  (print)
              2 LOAD_GLOBAL          1  (x)
              4 CALL_FUNCTION        1
              6 POP_TOP


10            8 LOAD_GLOBAL          0  (print)
             10 LOAD_FAST            0  (self)
             12 LOAD_ATTR            1  (x)
             14 CALL_FUNCTION        1
             16 POP_TOP
             18 LOAD_CONST           0  (None)
             20 RETURN_VALUE
```

上述代码中的 **LOAD_GLOBAL** 部分说明了第 1 个打印输出的 x 是从全局变量中获取，此处方法内是按照作用域的方式访问到类外部的 x 变量的。

5.1.5　实例的生命周期

微课 5-4：
实例的生命
周期

类的实例化过程非常简单，例如例 5-7 中实例化代码如下：

```
car = Car()
```

虽然实例化的语句只有一句，但 Python 在背后做了很多工作。Python 关于类的实例生命周期的控制预定义了很多内置成员方法，会在实例的生命周期中的适当时机自动调用。

（1）__init__() 方法

__init__() 方法通常用于初始化一个新实例的实例成员变量，控制实例的初始化过程。初始化发生在类的实例刚被创建完以后，因此 __init__() 方法是实例方法，具体使用如例 5-10 所示。

【例 5-10】初始化方法。

```
class Foo(object):
```

```
    def __init__(self):
        print('__init__')
```

当实例化类 Foo 的实例时, 会打印如下结果:

```
__init__
```

(2) __new__()方法

__new__( )是类方法, 它在初始化方法__init__( )之前调用。__new__( )方法通常用于控制生成一个新实例, 故也称构造方法, 例5-11说明了构造方法的执行顺序。

【例5-11】构造方法。

```
class Foo(object):
    def __init__(self):
        print('__init__')

    def __new__(cls, *args, **kargs):
        print('__new__')
        return super(Foo,cls).__new__(cls, *args, **kargs)
```

当实例化 Foo 类实例的时候, 会输出如下内容:

```
__new__
__init__
```

利用__new__( )方法可以实现一些特殊功能, 如实现设计模式中的特殊模式。

【例5-12】利用__new__( )方法实现单例模式。

```
class Singleton(object):
    def __init__(self):
        print('__init__')

    def __new__(cls,*args,**kargs):
        if not cls.__dict__.get('_Singleton__instance'):
            cls._Singleton__instance = super(Singleton,cls).__new__(cls,*args,**kargs)
        return cls._Singleton__instance
```

可以使用如下代码试验上述单例模式：

```
m = Singleton()
n = Singleton()
print(m is n)
```

在使用__new__()方法时应注意以下规则：

① 如果在定义类时没有重定义__new__()方法，Python默认按照继承顺序调用其父类的__new__()方法来构造该类的实例，因为object是所有新式类的基类，所以一定能找到__new__()方法。

② 如果类重写了__new__()方法，那么可以使用父类或子类的__new__()方法来构造对象实例。

③ 如果__new__()方法没有返回当前类的实例，那么当前类的__init__()方法是不会被调用的；如果__new__()方法返回其他类的实例，那么会调用被返回的那个对象的初始化方法；不返回实例，不会调用__init__()方法。

为了说明上述规则，下面通过例5-13说明__new__()方法返回值对初始化的影响。

【例5-13】定义一个构造函数，传入的参数不等于0时则创建该类整数实例，否则返回None。

```
class nonZero(int):
    def __new__(cls,value):
        return super().__new__(cls,value) if value != 0 else None

    def __init__(self,skipped_value):
        print("__init__()")
        super().__init__()
```

下面代码试验上述构造方法是否起到作用：

```
print(type(nonZero(-12)))
print(type(nonZero(0)))
```

执行上述代码后，输出如下结果：

```
__init__()
<class '__main__.nonZero'>
<class 'NoneType'>
```

（3）__del__()方法

析构方法__del__()是销毁对象时系统自动调用的方法。每个类默认都有一个__del__()方法，可以自定义析构方法。

【例5-14】析构方法。

```
class  Foo:
    def __init__(self):
        self.color = "蓝色"
        print("对象被创建")


    def __del__(self):
        print("对象被销毁")
```

为体现析构方法的作用，采用如下代码：

```
foo = Foo()
print(foo.color)
del foo
```

执行上述程序，会输出如下内容：

```
对象被创建
蓝色
对象被销毁
```

执行del语句之后，对象便将不能使用。下列代码的注释部分表示在对象被析构后，继续调用执行的异常信息。

```
print(foo.color) #NameError: name 'foo' is not defined
```

需要注意的是，当对象不再使用时，Python引擎可能会执行垃圾回收，进而销毁对象。Python中垃圾回收的执行遵守引用计数的约束。Python通过引用计数器记录所有对象的引用数量，一旦某个对象的引用计数器的值为0，系统就会自动销毁该对象，收回对象所占用的内存空间。

以下几种情况会让引用计数加1：

① 创建对象，如a=1。

② 引用对象，如b=a。

③ 作为参数传递给函数时，如func(a)。

④ 作为容器里的一个元素时，如 my_list = [a]。

以下几种情况会让引用计数减 1：

① 对象的别名被销毁，如 del a。

② 对象的别名被赋给了另一个对象，如原来为 a=1，现在为 a=2。

③ 对象所在的容器被销毁了或者是从容器中删除了，如 my_list.remove(a)。

微课 5-5：
弱引用

5.1.6　弱引用

由于引用计数的规则，一组相互引用的对象若没有被其他对象直接引用，并且不可访问，则会永久存活下来，如图 5-3 所示。一个应用程序如果持续地产生这种不可访问的对象群组，就会发生内存泄漏，因此必须找到办法解决这种相互引用的情况，而这种办法就是弱引用。

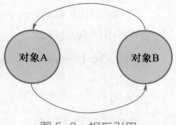

图 5-3　相互引用

Python 中的弱引用会获取引用对象的地址，即可以调用对象对其进行相关操作，但是不会使引用对象的引用计数增加。当引用对象的引用计数为 0 时，对象还是会被回收，弱引用也无法继续调用对象。这么做的好处在于，有时候不会因为某个循环引用的存在，而导致某些大型对象在内存中永久存活无法被释放。Python 的弱引用实现需要借助 weakref 库，具体使用如例 5-15 所示。

【例 5-15】weakref.ref 方法。

```python
import sys
import weakref


class MyCls:
    def __init__(self, name):
        self.name = name

    def show(self):
        print(self.name)


t1 = MyCls("test")
print(sys.getrefcount(t1))
t2 = weakref.ref(t1)
print(sys.getrefcount(t1))
```

执行上述程序，输出如下内容：

```
2
2
```

执行前后，t1 的引用没有发生变化，说明 t2 弱引用没有增加引用计数。t2 当被调用的时候才会得到引用对象，可以采用如下方式：

```
t2().show()
```

Weakref 库下存在 proxy 方法，其使用比 weakref.ref 方法更方便，不需要采用方法调用方式返回弱引用代理对象。

【例 5-16】weakref.proxy 方法。

```
import sys
import weakref

class MyCls:
    def __init__(self, name):
        self.name = name

    def show(self):
        print(self.name)

t1 = MyCls("test")
print(sys.getrefcount(t1))
t2 = weakref.proxy(t1)
print(sys.getrefcount(t1))
```

注意在 Python 中不是所有的对象都可以被弱引用，可以弱引用的包括类实例、用 Python 编写的函数、实例方法、集合、frozensets、一些文件对象、生成器、类型对象、套接字、数组、双端队列、正则表达式模式对象和代码对象等。

list 和 dict 等几种内置类型不直接支持弱引用，但可以通过子类化添加支持，具体方式如例 5-17 所示。

【例 5-17】dict 弱引用方法。

```
Class Dict(dict):
    pass
```

```
obj = Dict(red=1,green=2, blue=3)
```

其他内置类型，如 tuple、int 和 str，即使采用子类化方式也不支持弱引用。

5.1.7　封装

微课 5-6：
封装

面向对象程序设计包括封装、继承和多态 3 个基本特征。其中，封装是指将对象运行所需的方法和数据封装在对象中。封装的基本思想是对内汇总，对外隐藏类的细节，提供用于访问类成员的公开接口。这样，类的外部无须知道类的实现细节，只需要使用公开接口便可访问类的内容，这在一定程度上保证了类内数据的安全。

对内汇总，可以认为就是对结构化程序设计中的子程序（即函数）和全局变量进行整理，将子程序升级为类中的方法，将全局变量升级为类中的成员变量，如图 5-4 所示。

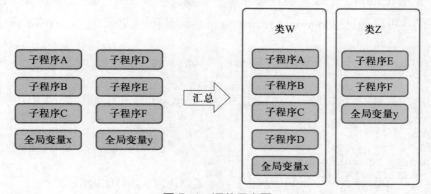

图 5-4　汇总示意图

封装的另一个功能是隐藏。在类中，成员默认是公有成员，可以在类的外部通过类或对象随意访问，这样显然不够安全。为了保证类中数据的安全，Python 支持将公有成员改为私有成员，在一定程度上限制在类的外部对类内成员的访问。

在类中，标识符以两个下画线开头的成员（如 __method）为私有方法或私有成员变量。该类成员只能在类的内部调用，不能在类的外部调用。在内部调用时，可以采用 self.__method 的方式。

【例 5-18】私有成员。

```
class Counter:
    __secretCount = 0   #私有变量
    publicCount = 0     #公开变量


    def count(self):
        self.__secretCount += 1
```

```
        self.publicCount += 1
        print (self.__secretCount)

counter = Counter()
counter.count()
counter.count()
print (counter.publicCount)
print (counter.__secretCount)    #报错，外部不能访问私有变量
```

执行上述程序，执行打印__secretCount的语句会报出错误，其原因是外部不能访问__secretCount变量。本质上，Python解释器在执行时会把__secretCount变量名修改成_Counter__secretCount，所以造成外部程序不能找到__secretCount变量定义，因而出现错误，但此时仍然可以通过_Counter__secretCount名称来访问实际的__secretCount变量值。

```
print (counter._Counter__secretCount)
```

如果后面给实例动态添加一个属性也为__secretCount，但此变量与类中声明定义的__secretCount完全不同，例如：

```
counter.__secretCount = -1
print (counter.__secretCount )  #可以访问,并打印输出-1
```

Python解释器不会为动态添加的成员变量修改变量名称，因此外部可以直接访问。

需要注意的是，在Python中，变量名类似__xxx__的形式，即以双下画线开头，并且以双下画线结尾的成员变量称为特殊变量，有时也称为魔术变量或魔术方法。特殊变量是可以直接访问的，不是私有的。一般自定义的程序不使用类似的方式定义成员变量。

Python约定将标识符以单下画线开头的成员视为私有成员，在使用中需要程序员自行控制，也称为伪私有成员。

【例5-19】伪私有成员。

```
class Counter:
    _secretCount = 0      #私有变量
    publicCount = 0       #公开变量


    def count(self):
        self._secretCount += 1
```

```
        self.publicCount += 1
        print (self._secretCount)


counter = Counter()
counter.count()
counter.count()
print (counter.publicCount)      #输出 2
print (counter._secretCount)     #输出 2
```

通过上述程序可以看到单下画线定义的变量依然可以被外部程序访问到，所以在使用时需要程序员自行遵守约定，将其视为私有成员变量，不在外部使用。

5.1.8 属性

在 Python 中，所谓属性即应用 property 装饰器的方法或者通过 property( ) 函数创建的对象。属性的作用有两个：一是让方法可以向成员变量一样直接访问；二是实现对成员的访问控制，隐藏实际成员变量名，防止随意篡改。

微课 5-7：
属性

【例 5-20】property 装饰器使用。

```
class PropertyDemo:
    def __init__(self, info):
        self._info = info


    @property
    def info(self):
        return self._info


    @info.setter
    def info(self, value):
        if isinstance(value, str): #判断实例类型是字符串
            temp = [ i.capitalize() if i.isalpha else i for i in
    value ]
            self._info = ''.join(temp)
            return self._info
        else:
```

```
                    raise ValueError('类型错误')
```

使用时通过如下方式使用info属性:

```
p = PropertyDemo('Hello World')
p.info = '你好, 世界'
```

如果在赋值时使用其他类型,如使用整数类型,将抛出异常,具体代码如下:

```
p.info = 1
```

另外一种使用属性的方式是使用property()函数完成。

【例5-21】property()函数使用。

```
class PropertyDemo:
    """显示调用property()函数实现property属性"""
    def __init__(self, info):
        self._info = info

    def get_strings(self):  #获取属性
        return self._info

    def set_strings(self, value):#设置属性
        if isinstance(value, str):
            self._info = value
        else:
            raise ValueError('类型错误')

    def del_strings(self):#删除属性
        del self.__string

    #使pro_string成为一个property属性,并绑定对应访问、 设置、 删除的操作
    pro_string = property(fget=get_strings, fset=set_strings,
            fdel=del_strings, doc='显示调用定义属性描述符')
```

property()函数中参数fget表示获取属性值的函数,fset表示设置属性值的函数,fdel表示

删除属性值函数，doc 表示属性描述信息。执行上述代码后，pro_string 将成为属性，其使用方式与 @property 装饰器创建的属性相同。

5.1.9　描述符

微课 5-8：
描述符

　　描述符是实现描述符协议方法的 Python 对象，将其作为其他对象的属性时，该描述符定义了这些属性的访问方式。描述符的作用是代理一个类的属性，需要注意的是描述符不能定义在被使用类的构造函数中，只能定义为类的属性，它只属于类，不属于实例。一般情况下，如果一个类实现了魔术方法 __get__()、__set__() 或者 __delete__()，就说这个类是描述符类，具体见表 5-1。

表 5-1　描述符类魔术方法含义

魔术方法	含　　义
__get__(self,instance,owner)	用于访问属性，返回属性的值
__set__(self,instance,value)	将在属性分配操作中调用，不返回任何内容
__delete__(self,instance)	控制删除操作，不返回任何内容

　　以上参数中，self 是描述符类自身的实例；instance 是该描述符的拥有者所在的实例；owner 是该描述符的拥有者所在的类本身。

　　描述符重要的功能是实现可重复使用的属性。

　　【例 5-22】描述符的使用。

```python
class Cost():
    def __init__(self, num, price):
        self._num = num
        self._price = price


    @property
    def num(self):
        return self._num


    @num.setter
    def num(self, value):
        if value < 0:
            raise ValueError("Negative value not allowed: %s" % value)
```

```
        self._num = value


    @property
    def price(self):
        return self._price


    @price.setter
    def price(self, value):
        if value < 0:
            raise ValueError("Negative value not allowed: %s" % value)
        self._price = value
```

上述代码创建了一个收集消费信息类Cost，成员属性num代表数量，price代表单价，两个属性都存在共同的逻辑，如果需要使用一种可重用的方式使用这段逻辑，可以使用描述符。代码如下：

```
class NonNegative(object):
    def __init__(self):
        pass


    def __get__(self, instance, owner):
        return self.data.get(instance, self.default)


    def __set__(self, instance, value):
        if value < 0:
            raise ValueError("Negative value not allowed: %s" % value)
        self.data[instance] = value
```

创建描述符类NonNegative后，改写原类型，代码如下：

```
class Cost():
    num = NonNegative()
    price = NonNegative()


    def __init__(self, num, price):
```

```
        self.num = num
        self.price = price
```

有时候程序需要创建大量的类型实例，为了防止随意修改对象，需要限制动态调整对象成员，此时会用到特殊的成员变量__slots__。对于有声明__slots__类成员变量的类，Python解释器在创建类型对象时，直接将__slots__中成员包装成描述符对象。经过这样处理后，该类型的命名空间中无法分配新的成员。

【例5-23】__slots__的使用。

```
class MyClass:
    __slots__ =("x","y")
```

然后对类进行实例化，代码如下：

```
o = MyClass()
```

如果查看此时的类的命名空间成员，可以发现有x和y两个描述符类型成员，具体如下：

```
mappingproxy({'__module__': '__main__',
    '__slots__': ('x', 'y'),
    'x': <member 'x' of 'MyClass' objects>,
    'y': <member 'y' of 'MyClass' objects>,
    '__doc__': None})
```

然后动态为实例添加成员变量，具体代码如下：

```
o.a = 100
```

执行上述代码会报出错误，阻止成员的动态修改。具体错误信息如下：

```
AttributeError: 'MyClass' object has no attribute 'a'
```

注意，__slots__的作用目标是类的实例，对类本身没有限制，而且动态修改类本身的__slots__并不会影响类的实例。

5.1.10　包

包是组织模块代码的单元。将代码文件放在一个特殊目录中，就构成了包。例如，创建一个目录lib，在lib下创建一个Python源文件demo.py。此时，该目录

微课 5-9：
包

lib 就称为包 lib。包支持嵌套使用，如图 5-5 所示。

　　包除了具有组织模块的作用，另外也可以隐藏内部文件结构，而仅暴露必要的用户接口。

　　Python 3 之前的版本中要求构成包的目录下必须包含 __init__.py 文件，但在 Python 3 之后不再强制要求。一般可以使用 __init__.py 文件完成初始化操作或提供对外接口，解除对包内模块文件的直接依赖。

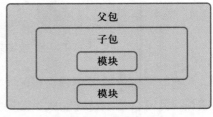

图 5-5　包嵌套示意图

　　【例 5-24】__init__.py 文件使用。

```
import sys
sys.path.append(r"/root/LibSys/v1/borrowing")
```

　　上述代码在加载包后，执行 __init__.py 文件中的代码，将 borrowing 目录作为模块搜索路径，可以解决执行脚本与引入模块脚本不在同一目录的问题。需要注意的是，这种方法是在运行时修改，脚本运行后就会失效。

　　重新载入包内模块时不会再次执行 __init__.py 文件中的代码，但重新载入包会执行，例如如下代码：

```
from lib import demo #不会重新执行包下 __init__.py 文件中的代码
import lib  #会重新执行包下 __init__.py 文件中的代码
```

　　Python 还可以在包下创建 __main__.py 文件，当导入包时作为执行入口文件。

　　【例 5-25】__main__.py 文件的使用。

```
print("__main__")
```

　　当在终端执行下述任意指令时，将执行 __main__.py 中的程序。

```
python -m lib
python lib
```

　　如果需要分发包内模块，可以将包及其内模块压缩为 zip 文件，使用方法如例 5-26 所示。

　　【例 5-26】压缩 zip 文件分发。

　　假设打包之后的 zip 文件结构如下：

```
./lib/
    |
    +--- __init__.py
```

```
    +--- util.py
```

使用如下 zip 指令完成打包压缩。

```
zip -r -o lib.zip ./lib
```

在使用时，通过如下语句将 zip 文件添加到模块搜索路径。

```
sys.path.append("./lib.zip")
```

然后就可以通过引入使用包内模块，具体代码如下：

```
import lib
print(lib.__file__)
```

如果在 __init__.py 文件中设置 __all__ 导出列表变量，则会影响通过星号导入的成员，__all__ 的使用方法如例 5-27 所示。

【例 5-27】 __all__ 导出列表变量。

```
__al__ = ["x","util"]
```

如果通过如下方式导入包，则只能导入 __all__ 列表变量所指定包内成员。

```
from lib import *
```

5.1.11　任务实现

本任务主要为实现图书借阅功能做基础工作，利用本任务介绍的面向对象方式定义 Book 类型，用于存储图书信息，并为后续功能做准备。

首先在代码目录下建立 borrowing 包。在该包下创建代码文件 book.py，其代码如下：

```
from utils import space
class Book():
    def __init__(self,book_id,book_name,book_count,is_unsubs):
        self.book_id = book_id
        self.book_name = book_name
        self.is_unsubs = is_unsubs
```

```
    def __str__(self):
        return self.book_id + space(4) + self.book_name + space(4) +
    self.book_count
```

在该包下创建代码文件user.py，其代码如下：

```
from base import Base
from utils import space

class User():
    def __init__(self,user_id,user_name,user_dept):
        self.user_id = user_id
        self.user_name = user_name
        self.user_dept = user_dept
        self.is_unsubs = is_unsubs


    def __str__(self):
        return self.user_id + space(4) + self.user_name + space(4) +
    self.user_dept + space(4) + self.is_unsubs
```

任务 5.2   图书借阅

图书借阅

任务描述

在面向对象程序设计中，继承和多态是除了封装之外的两个基本特征。利用好这两个特征，可以大大提升代码的重用性和健壮性。

本任务的目的是实现图书借阅功能。该功能模块可以让用户对选定图书编号的图书完成借阅，并将借阅信息保存到文本文件之中。实现过程中，将从共有功能中抽象出基础类型，然后借助此基础类型完成并实现图书借阅功能。

本任务通过学习面向对象程序设计中继承和多态的相关知识和技术，让学习者深刻理解继承和多态的基本思想，并掌握Python语言中的面向对象程序设计技巧。

5.2.1   继承

继承是面向对象的重要特性之一，它主要用于描述类与类之间的关系，在不

微课 5-10：
继承

改变原有类的基础上扩展原有类的功能。若类与类之间具有继承关系，被继承的类称为父类或基类，继承其他类的类称为子类或派生类，子类会自动拥有父类的公有成员。父子类继承示意图如图 5-6 所示。

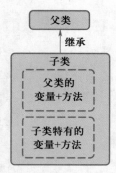

图 5-6　继承示意图

继承分为单继承和多继承。单继承即子类只继承一个父类。Python 3 中的类默认继承自 object 类型。Python 的父类需要在类型定义时跟在类名后的小括号中，其一般格式示例如下：

```
class DerivedClassName(BaseClassName):
    pass
```

下面使用继承方式完成 Cat 类及其子类。

【例 5-28】Cat 单继承。

```
class Cat:
    def __init__(self, color):
        self.color = color
    def walk(self):
        print("走猫步~")

class CopyCat(Cat):  #定义继承 Cat 的 CopyCat 类
    pass
```

在应用时，可以采用如下程序：

```
copyCat = CopyCat("灰色")              #创建子类的对象
print(copyCat.color)                   #子类访问从父类继承的成员
copyCat.walk()                         #子类调用从父类继承的方法
```

子类不会拥有父类的私有成员，也不能访问父类的私有成员。创建子类后，可以通过子类的类对象属性 __base__ 得到父类的类型列表，代码如下：

```
CopyCat.__base__
```

子类继承父类后，将拥有父类的成员。根据父类成员可访问性的不同，在继承后会体现不同的使用特点。

【例 5-29】单继承私有成员。

```
class Cat:
```

```
        def __init__(self, color):
            self.color = color            #增加私有属性
            self.__age = 1
        def walk(self):
            print("走猫步~")
        def __show(self):                 #增加私有方法
            print("测试")


class CopyCat(Cat):    #定义继承Cat的CopyCat类
    pass
```

如下面程序，试图使用子类实例调用父类继承的私有成员，均会失败。

```
copyCat = CopyCat("灰色")                 #创建子类的对象
print("父类的私有方法")
print(copyCat.__age)                      #子类访问父类的私有成员变量
copyCat.__show()                          #子类调用父类的私有成员方法
```

在 Python 中，可以通过 __base__ 返回继承的父类，通过 __bases__ 按继承顺序返回继承列表，并且 __bases__ 支持动态调整，调整继承顺序和插入新的父类。

【例5-30】__bases__ 应用。

```
class N:
    pass


class P:
    pass


class MyClass(P,N):
    pass
```

使用 __bases__ 查看继承关系，代码如下：

```
MyClass.__bases__
```

执行上述代码，将输出如下内容：

```
(__main__.P, __main__.N)
```

在设计父子类时，往往将父类设计为提供基础共用功能的类。在例 5-31 中，父类 Sortable 定义了基础排序算法，子类继承该父类方法，可以应用到自身。

【例 5-31】实现继承父类的排序功能。

```
import copy
class Sortable(object):        #object 是基类型
    def __init__(self,lst):
        self.lst = lst


    def sort(self): #默认冒泡排序
        blist = copy.deepcopy(self.lst)  #实现深复制
        count = len(blist)
        for i in range(0, count):
            for j in range(i + 1, count):
                if blist[i] > blist[j]:
                    blist[i], blist[j] = blist[j], blist[i]
            return blist


class MyScore(Sortable):
    def __init__(self,lst):
        super(MyScore, self).__init__(lst)


if __name__=='__main__':
    mc = MyScore([5,4,1,2,3])
    print ( mc.sort() )
```

Python 中的 super( ) 函数用于调用父类方法，该函数会返回父类的代理引用。

另外，例 5-31 涉及深复制和浅复制的概念。所谓深复制，是指将被复制对象完全再复制一遍作为独立的新个体单独存在，改变原有被复制对象不会对已经复制出来的新对象产生影响。相对的，浅复制不会产生一个独立单独存在的对象，只是将原有的数据块打上一个新标签，所以当其中一个标签被改变的时候，数据块就会发生变化，另一个标签也会随之改变。

在 Python 中，深浅复制常用 copy 模块实现。当简单对象被执行 copy 和 deepcopy 时，无论时深复制还是浅复制，都是在内存中新开辟一个地址空间，其效果相同。

【例5-32】深浅复制列表。

```
import copy
origin = [1, 2, 3]
print(id(origin))                  #输出 82878400
cop1 = copy.copy(origin)           #浅复制
cop2 = copy.deepcopy(origin)       #深复制
print(id(cop1))                    #输出 83154880
print(id(cop2))                    #输出 83121536
origin[0]=4
print(cop1)                        #输出 83154880
print(cop2)                        #输出 83121536
```

Python 语言是支持多继承的。所谓多继承，就是一个子类同时继承自多个父类。继承关系如图5-7所示。

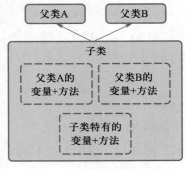

图 5-7　多继承示意图

如果需要使用多继承，可以在子类定义的小括号中添加多个父类名，父类名之间用逗号间隔，其伪代码语法如下：

```
class DerivedClassName(BaseClassName1, BaseClassName1, ...):
    类成员
```

下面以一个具体的例子说明多继承的应用方法。

【例5-33】多继承。

```
class House(object):
    def live(self):
```

```
        print("供人居住")


class Car(object):
    def drive(self):
        print("行驶")


class TouringCar(House, Car):
    pass


tour_car = TouringCar()
tour_car.live()
tour_car.drive()
```

在本例中，如果 House 类和 Car 类中有一个同名的方法，那么子类会调用哪个父类的同名方法呢？在具体讨论该问题前，先列举一种比较复杂的继承结构，如图 5-8 所示。

图中的箭头由子类指向父类，其中 o 代表 object。Python 3 采用一种名为 MRO 的方式来完成成员查找搜索，即定义一个查找规则，具体如下：

① 按"深度优先、从左至右"顺序获取类型列表。

② 移除重复父类，保留最后一个。

③ 子类在前，保留多继承顺序。

【例 5-34】MRO 举例。

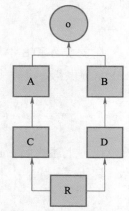

图 5-8　菱形继承示意图

```
class A:
    n = "A"
    def show(self):
        print("A.show")


class B:
    n = "B"
    def show(self):
        print("B.show")


class C(A):
```

```
    pass

class D(B):
    pass

class R(C,D):
    pass
```

实例化 R 类后，调用 n 成员变量，具体代码如下：

```
print(A().n)
```

执行上述代码，会输出如下结果：

```
A
```

在父类 A 和 B 中均有成员 n，输出 "A" 就说明 R 优先访问从 A 类中继承的 n 成员。Python 提供给一个类成员变量 __mro__，其结果说明了继承顺序，例如：

```
R.__mro__
```

执行上述代码，将会返回一个元组，其中的元素从左至右说明了其继承成员的查找顺序，具体结果如下：

```
(__main__.R, __main__.D, __main__.B, __main__.C, __main__.A,
    object)
```

可以通过例 5-35 认识多继承同名成员方法的影响。

【例 5-35】多继承对同名方法的影响。

```
class House(object):
    def live(self):
        print("供人居住")

    def show(self):
        print("House")
```

```python
class Car(object):
    def drive(self):
        print("行驶")

    def show(self):
        print("Car")

class TourCar(House, Car):
    pass

tour_car = TourCar()
tour_car.show()    #House
```

如果子类继承的多个父类是平行关系的类，那么子类先继承哪个类，便会先调用哪个类的方法。在子类初始化的时候，需要手动调用父类的初始化方法进行父类的成员构造，不然就不能使用这些成员。

在 Python 中，可以在子类中调用父类的初始化方法，其格式为"父类名.＿ ＿init＿ ＿ (self,...)"。例 5-36 说明了使用父类名访问父类成员的方法。

【例 5-36】使用父类名。

```python
class Parent(object):
    def __init__(self, name):
        self.name = name
        print('Parent的init开始被调用')

    def test(self):
        print("Parents.test")

class ChildA(Parent):
    def __init__(self, name):
        self.name = name
        print('ChildA的init开始被调用')
        Parent.__init__(self, name)

    def test(self):
```

```
            print("ChildA.test")


class ChildB(Parent):
    def __init__(self, name):
        self.name = name
        print('ChildB的init开始被调用')
        Parent.__init__(self, name)


    def test(self):
        print("ChildB.test")


class SubChild(ChildA,ChildB):
    def __init__(self, name):
        self.name = name
        print('SubChild的init开始被调用')
        ChildA.__init__(self, name)  #单独调用父类的属性
        ChildB.__init__(self, name)  #单独调用父类的属性


    def test(self):
        print("SubChild.test")


sc = SubChild("SubChild")
sc.test()
```

执行上述代码，将输出如下结果：

```
SubChild的init开始被调用
ChildA的init开始被调用
Parent的init开始被调用
ChildB的init开始被调用
Parent的init开始被调用
SubChild.test
```

从输出结果中可见，Parent 父类的初始化方法被执行了两次。如果在更加复杂的程序结构下，可能类似例5-36的初始化方法会被执行更多次。

Python建议将调用父类的构造方法采用super()函数完成。这种方式明显可以改善上述现象。实际上，super()是一个用于返回父类代理的函数，其一般格式为：

```
super(type[, object-or-type])
```

其中，参数type代表子类，object-or-type代表子类对象。例5-37演示了具体的使用方法。

【例5-37】super()函数。

```python
class Parent(object):
    def __init__(self, name,*args, **kwargs):
        self.name = name
        print('Parent的init开始被调用')

    def test(self):
        print("Parents.test")

class ChildA(Parent):
    def __init__(self, name,*args, **kwargs):
        self.name = name
        print('ChildA的init开始被调用')
        super().__init__(self, name)

    def test(self):
        print("ChildA.test")

class ChildB(Parent):
    def __init__(self, name,*args, **kwargs):
        self.name = name
        print('ChildB的init开始被调用')
        super().__init__(self, name)

    def test(self):
        print("ChildB.test")

class SubChild(ChildA,ChildB):
```

```
    def __init__(self, name,*args, **kwargs):
        self.name = name
        print('SubChild的init开始被调用')
        super().__init__(self, name)


    def test(self):
        print("SubChild.test")

sc = SubChild("SubChild")
sc.test()
```

执行上述程序，会输出如下内容：

```
SubChild的init开始被调用
ChildA的init开始被调用
ChildB的init开始被调用
Parent的init开始被调用
SubChild.test
```

输出内容说明了通过使用super()函数可以避免重复实例化过程。

5.2.2　命名空间

微课 5-11：
命名空间

类有自己的命名空间，用于存储类定义的字段和方法，但并不包含继承的成员和方法。运行时，可以通过类型或实例的__dict__属性查看命名空间内容。

【例5-38】__dict__属性应用方法。

```
class P:
    m = 100
    def __init__(self,x):
        self.x = x
    def get_x(self):
        return self.x


class C(P):
    n = 200
```

```
    def __init__(self,x,y):
        super().__init__(x)
        self.y = y


    def get_y(self):
        return y
```

使用__dict__属性查看类型命名空间，例如P类的命名空间，处理过程如下：

```
print(P.__dict__)
```

实例化C类，并打印查看实例命名空间和可访问成员。

```
o_c = C(10,20)
print(dir(o_c))
print(o_c.__dict__)
```

通过上述程序执行，可以看出o_c中可以访问到父类成员，但在其自身的命名空间中只有实例变量。

在Python 3中，object是默认所有类型的父类，换句话说，如果在类定义时没有显式声明父类，则该类型默认继承自object。如果查看object类的命名空间，将会得到如下结果：

```
mappingproxy({'__repr__': <slot wrapper '__repr__' of 'object'
    objects>,
    '__hash__': <slot wrapper '__hash__' of 'object' objects>,
    '__str__': <slot wrapper '__str__' of 'object' objects>,
    '__getattribute__': <slot wrapper '__getattribute__' of 'object'
    objects>,
    '__setattr__': <slot wrapper '__setattr__' of 'object' objects>,
    '__delattr__': <slot wrapper '__delattr__' of 'object' objects>,
    '__lt__': <slot wrapper '__lt__' of 'object' objects>,
    '__le__': <slot wrapper '__le__' of 'object' objects>,
    '__eq__': <slot wrapper '__eq__' of 'object' objects>,
    '__ne__': <slot wrapper '__ne__' of 'object' objects>,
    '__gt__': <slot wrapper '__gt__' of 'object' objects>,
    '__ge__': <slot wrapper '__ge__' of 'object' objects>,
```

```
    '__init__': <slot wrapper '__init__' of 'object' objects>,
    '__new__': <function object.__new__(*args, **kwargs)>,
    '__reduce_ex__': <method '__reduce_ex__' of 'object' objects>,
    '__reduce__': <method '__reduce__' of 'object' objects>,
    '__subclasshook__': <method '__subclasshook__' of 'object'
objects>,
    '__init_subclass__': <method '__init_subclass__' of 'object'
objects>,
    '__format__': <method '__format__' of 'object' objects>,
    '__sizeof__': <method '__sizeof__' of 'object' objects>,
    '__dir__': <method '__dir__' of 'object' objects>,
    '__class__': <attribute '__class__' of 'object' objects>,
    '__doc__': 'The base class of the class hierarchy.\n\nWhen
called, it accepts no arguments and returns a new featureless\
ninstance that has no instance attributes and cannot be given
any.\n'})
```

正是因为object是默认父对象，所以以上成员均为Python中类的特殊成员变量。需要注意的是，不能动态地给object添加成员，例如如下代码：

```
object.x=1
```

如果执行以上代码，Python解释器将报出类似如下的错误：

```
TypeError: can't set attributes of built-in/extension type
    'object'
```

5.2.3   重写和多态

子类会原封不动地继承父类的方法，但子类有时需要按照自己的需求对继承来的方法进行调整，也就是在子类中重写从父类继承来的方法。一般如果继承父类方法的功能不满足需求，可以在子类重写父类的方法。

微课 5-12：
重写和多态

【例 5-39】重写。

```
class Parent:                              #定义父类
    def show(self):
```

```
        print ('调用父类方法')

class Child(Parent):                        #定义子类
    def show(self):
        print ('调用子类方法')


c = Child()
c.show()                                    #打印  调用子类方法
super(Child,c).show()                       #打印  调用父类方法
```

子类重写了父类的方法之后，便无法再直接访问父类的同名方法，但可以使用super( )方法间接调用父类中被重写的方法。

【例5-40】调用父类重写方法。

```
class Person:
    def say_hello(self):
        print("hi")


class Chinese(Person):
    def say_hello(self):
        super().say_hello()                 #调用父类被重写的方法
        print("中国人")
```

重写方法经常会重写__init__( )方法。子类重写__init__( )方法需要调用父类的方法时，使用super( )函数完成父类初始化。

【例5-41】重写__init__( )方法。

```
class Parent:                               #定义父类
    def __init__(self, name):
        pass
    def show(self):
        print ('调用父类方法')


class Child(Parent): #定义子类
    def __init__(self, name):
```

```
        super(Child, self).__init__(name)
    def show(self):
        print ('调用子类方法')
```

类似 `__init__()` 的方法还有许多，见表 5-2。

表 5-2　类的常用于重写的方法

方　法	含　义
`__del__()`	析构函数，释放对象时使用。如果重写子类的 `__del__()` 方法（父类为非 object 的类），则必须显式调用父类的 `__del__()` 方法
`__repr__()`	打印自我描述信息，默认会返回当前对象的"类名 +object at+ 内存地址"，执行 print(对象) 时调用
`__len__()`	获得长度，执行 len(obj) 时调用
`__cmp__()`	比较运算
`__call__()`	函数调用
`__enter__()` `__exit__()`	在对类对象执行类似 with obj as var 的操作之前，会先调用 `__enter__()` 方法，其结果会传给 var；在最终结束该操作之前，会调用 `__exit__()` 方法，常用于做一些清理、扫尾的工作
`__iter__()` `__next__()`	生成迭代器
`__index__()`	整数值，类似于 hex(X)、bin(X)、oct(X)

其中，`__call__()` 方法的功能类似于在类中重载"( )"运算符，使得类实例对象可以像调用普通函数那样，以"对象名()"的形式使用。

【例 5-42】`__call__()` 方法重写。

```
class MyCls:
    def __call__(self,arg):          #定义__call__()方法
        print("调用__call__()方法",arg)


cobj = MyCls()
cobj("arg")                          #打印调用__call__()方法 arg
```

多态是面向对象的重要特性之一，它的直接表现即让不同类的同一功能可以通过同一个接口调用，表现出不同的行为。从内涵上讲，多态统一了调用端的逻辑，如图 5-9 所示。

图 5-9　多态内涵示意图

【例5-43】多态。

```
class Animal:
    def shout(self):
        print("Animal")

class Cat(Animal):
    def shout(self):
        print("Cat")

class Dog(Animal):
    def shout(self):
        print("Dog")

def call(ani):
    ani.shout()

animal = Animal()
cat = Cat()
dog = Dog()
call(animal)
call(cat)
call(dog)
```

5.2.4　获取对象信息

Python语言中包括很多内置的函数，可以在运行时获取对象信息，包括type( )和isinstance( )等，下面通过案例说明其使用方法。

【例5-44】type( )函数。

基本类型都可以用type( )函数判断。

微课 5-13：
获取对象信
息和运算符
重载

```
type(None)                              #<type(None) 'NoneType'>
type(100)                               #<class 'int'>
```

【例5-45】isinstance( )函数。

对于class的继承关系来说，使用type( )函数就很不方便。要判断class的类型，可以使用isinstance( )函数。

```
class Parent:
    pass

class Child(Parent):
    pass

c = Child()
isinstance(c, Parent) #True
isinstance(123, int) #True
isinstance([1, 2, 3], (list, tuple)) #True 判断一个变量是否是某些类型
    中的一种
```

【例5-46】dir( )函数。

获得一个对象的所有属性和方法，可以使用dir( )函数，它返回一个包含字符串的list。

```
dir('ABC')
```

执行上述代码，输出如下内容：

```
['__add__', '__class__',..., '__subclasshook__', 'capitalize',
    'casefold',..., 'zfill']
```

【例5-47】hasattr( )、setattr( )、getattr函数。

```
print(hasattr('ABC', '__add__')) #True
setattr(c, 'y', 19)
print(getattr(c, 'y',0)) #如果属性不存在,就返回默认值0
```

5.2.5　运算符重载

Python实现针对类对象的运算符重载，主要通过重写类特殊的专有方法实现。这些专有方法类似构造方法，在方法名两端均包括两个下画线，具体见表5-3。

表5-3　常见运算符重载相关方法

方　　法	含　　义
__add__()	重载加法运算符（+），即当类对象 X 做例如 X+Y 或者 X+=Y 等操作，内部会调用此方法。但如果类中对 __iadd__() 方法进行了重写，则类对象 X 在做 X+=Y 类似操作时，会优先选择调用 __iadd__() 方法
__radd__()	当类对象 X 做类似 Y+X 的运算时，会调用此方法
__iadd__()	重载增量赋值运算符（+=），也就是说，当类对象 X 做类似 X+=Y 的操作时，会调用此方法
__or__()	或运算符 |，如果没有重载 __ior__，则在类似 X|Y、X|=Y 这样的语句中，"或"符号生效
__getattr__()	点号运算，用来获取实例属性
__getattribute__()	与 __getattr__() 方法类似，一般经过该方法处理后不会再执行 __getattr__() 方法
__setattr__()	赋值语句，类似于 X.any=value
__delattr__()	删除语句，类似于 del X.any
__getitem__()	索引运算，类似于 X[key]，X[i:j]
__setitem__()	索引赋值语句，类似于 X[key]，X[i:j]=sequence
__delitem__()	索引和分片删除
__get__() __set__() __delete__()	描述符相关操作，类似于 X.attr，X.attr=value，del X.attr
__lt__() __gt__() __le__() __ge__() __eq__() __ne__()	比较运算，分别对应于 <、>、<=、>=、=、!= 运算符
__contains__()	成员关系运算，类似于 item in X

下面以向量运算为例，说明运算符重载的应用。

【例5-48】向量运算。

```python
class Vector:
    def __init__(self,data):
        self.data = data

    def __repr__(self):
        return f"{self.data}"

    def __add__(self,other):
        assert len(self.data)== len(other.data),"must has same length"
        result = []
        for i in range(len(self.data)):
            result[i] = self.data[i] + other.data[i]
        return Vector(result)

    def __iadd__(self,other):
        assert len(self.data)== len(other.data),"must has same length"
        for i in range(len(self.data)):
            self.data[i]= self.data[i] + other.data[i]
        return self

    def __getitem__(self,index):
        return self.data[index]

    def __setitem__(self,index,value):
        if index >= len(self.data):
            self.data.append(value)
            return

        self.data[index]= value

    def __delitem__(self,index):
        return self.data.pop(index)
```

使用该向量类型，完成如下计算：

```
v1 = Vector([1,1])
v2 = Vector([2,-1])
print (v1 + v2)
```

执行上述程序后，将会输出如下结果：

```
[3,0]
```

5.2.6　类的常用内置成员

Python中为类内置很多默认成员变量，这些成员有着重要的作用，支撑了 Python中类的结构，具体见表5-4。

微课 5-14：
类的常用
内置成员
和元类

表5-4　类内置成员变量

成　员	含　义
__dict__	类的命名空间映射
__doc__	类的文档字符串
__name__	类名
__module__	类定义所在的模块
__bases__	类的所有父类

【例5-49】常用内置成员。

```
class Employee:
    '所有员工的基类'
    empCount = 0

    def __init__(self, name, salary):
        self.name = name
        self.salary = salary
        Employee.empCount += 1


    def displayCount(self):
        print("Total Employee %d" % Employee.empCount)
```

```
    def displayEmployee(self):
        print("Name : ", self.name,  ", Salary: ", self.salary )

print("Employee.__doc__:", Employee.__doc__)
print("Employee.__name__:", Employee.__name__)
print("Employee.__module__:", Employee.__module__)
print("Employee.__bases__:", Employee.__bases__)
print("Employee.__dict__:", Employee.__dict__)
```

执行上述代码，输出如下结果：

```
Employee.__doc__: 所有员工的基类
Employee.__name__: Employee
Employee.__module__: __main__
Employee.__bases__: (<class 'object'>,)
Employee.__dict__: {'__module__': '__main__', '__doc__':
    '所有员工的基类', 'empCount': 0, '__init__': <function
    Employee.__init__ at 0x0000000005439550>, 'displayCount':
    <function Employee.displayCount at 0x0000000005439820>,
    'displayEmployee': <function Employee.displayEmployee at
    0x00000000054393A0>, '__dict__': <attribute '__dict__' of
    'Employee' objects>, '__weakref__': <attribute '__weakref__'
    of 'Employee' objects>}
```

5.2.7　元类和特殊类

元类是制造所有类型的特殊对象。可以通过例5–50了解元类的作用。

【例5–50】元类举例。

```
a = 1
print(a.__class__)


b = 'abc'
print(b.__class__)
```

```
def c():
    pass


print(c.__class__)


class D(object):
    pass


d = D()
print(d.__class__)
```

执行上述程序，会输出如下内容：

```
<class 'int'>
<class 'str'>
<class 'function'>
<class '__main__.D'>
```

上述结果说明a、b、c和d实例的创建来自于int、str、function和D类型。如果继续探究一下，可以执行如下代码：

```
a = 1
print(a.__class__.__class__)


b = 'abc'
print(b.__class__.__class__)


def c():
    pass


print(c.__class__.__class__)


class D(object):
    pass
```

```
d = D()
print(d.__class__.__class__)
```

如上述程序，均会输出 type。Python 中 type 就是创建所有类的元类。也就是说，元类的作用就是用来创建类的。从这个意义上看，类也是一种对象。所以，可以说"Python 中一切皆对象"。在 Python 中，一个实例的创建过程可以分解为两个连续步骤：第一步，由元类创建类；第二步，由类创建实例。

在 Python 中使用 type( ) 函数就可以创建类型，其语法伪代码格式如下：

```
type(class_name, (base_class, ...), {attr_key: attr_value, ...})
```

【例 5-51】type( ) 函数创建类型。

```
MyClass= type('MyClass', (object, ), {})
i = MyClass()
```

上述代码使用 type( ) 函数创建 MyClass 类，并且让它继承 object。

可以使用类属性 __metaclass__ 把一个类的创建过程转交给其他地方。如果类属性 __metaclass__ 赋值的是一个方法，那么创建类的过程，就交给了一个方法来执行。

【例 5-52】__metaclass__ 属性赋值方法创建类型。

```
def create_class(name, bases, attr):
    print('create class by method...' )
    #直接用 type() 函数创建了一个类
    return type(name, bases, attr)


class Target(object):
    #创建类的过程交给一个方法
    __metaclass__ = create_class
```

__metaclass__ 属性也可以赋值为类，这样其创建过程由指定的类负责。

```
class MetaClass(type):
    #必须定义 __new__() 方法  返回一个类
    def __new__(cls, name, bases, attr):
        print('create class by B ...')
        return type(name, bases, attr)
```

```
class Target(object):
    #创建类的过程交给MetaClass
    __metaclass__ = MetaClass
```

在元类的作用下，创建一个类的完整流程如下：

① 检查类中是否有__metaclass__属性，如果有，则调用__metaclass__属性指定的方法或类创建。

② 如果类中没有__metaclass__属性，那么会继续在父类中寻找。

③ 如果任何父类中都没有，那么就用 type( )函数创建这个类。

由于元类的特殊作用，可以借助实现面向对象设计中的特殊类型，如抽象类、静态类等。

抽象类是一种部分未完成定义，因此不能实例化的类。抽象类的作用是可以将主体和局部分离。如果想实例化，必须继承该抽象类并给出未完成定义的部分。抽象类对协同开发有很大意义，也让代码可读性更高。

【例5-53】抽象类。

```
from abc import ABCMeta,abstractmethod
class MyAbstractCls(metaclass=ABCMeta):
    def __init__(self,name):
        self.name = name


    @abstractmethod
    def dump(self,data):
        ...
```

注意dump( )方法中的"…"不是省略号，其作用相当于pass。如果直接实例化上述类，便会触发异常，造成TypeError，错误信息为不能实例化MyAbstractCls。

如果想使用MyAbstractCls类型，可以继承该类型，重写dump( )方法，然后再实例化继承后产生的子类，具体代码如下。

```
class MyImpCls(MyAbstractCls):
    def __init__(self,name):
        super().__init__(name)


    def dump(self,data):
        print(data)
```

静态类是能够阻止创建实例的类型。一般需要重写 __call__() 方法，以拦截实例的创建。

【例5-54】静态类。

```python
class StaticClassMeta(type):
    def __call__(cls,*args,**kwargs):
        raise RuntimeError("can't create object for static class")


class X(metaclass=StaticClassMeta):
    pass
```

当使用时需要实例化 X，此时会报出如下异常：

```
RuntimeError: can't create object for static class
```

密封类是可以阻止继承的类。Python 实现密封类可以使用父类判断处理，也可以使用 @final 装饰器完成。例5-55展示了 @final 装饰器的使用方式。

【例5-55】密封类。

```python
from typing import final
@final
class ellipsis:
    ...
```

也可以使用自定义元类的方式，具体如例5-56所示。

【例5-56】元类方法实现密封类。

```python
class FinalMetaType(type):
    def __new__(cls, name, bases, classdict):
        for b in bases:
            if isinstance(b, FinalMetaType):
                raise TypeError("type '{0}' is Final type".format(b.__name__))
        return type.__new__(cls, name, bases, dict(classdict))


class Hi(object):
    def hi(self):
```

```
        print("hi")

class Final(Hi,metaclass=FinalMetaType):
    pass
```

Python 3.4中新增加了Enum枚举类。也就是说，对于这些实例化对象个数固定的类，可以用枚举类来定义。

【例5-57】枚举类。

```
from enum import Enum
class Grade(Enum):
    good = 1
    normal = 2
    bad= 3
```

在 Grade 枚举类中，good、normal、bad都是该类的成员。注意，枚举类的每个成员都由两部分组成，分别为 name 和 value，其中 name 属性值为该枚举值的变量名，value 代表该枚举值的序号值。

```
#调用枚举成员的 3 种方式
print(Grade.good)
print(Grade['good'])
print(Grade(1))
#调取枚举成员中的 value 和 name
print(Grade.good.value)
print(Grade.good.name)
#遍历枚举类中所有成员的 2 种方式
for grade in Grade:
    print(grade)
```

枚举类成员之间不能比较大小，但可以用 "==" 或者 is 进行比较是否相等，例如：

```
print(Grade.good== Grade.good)
print(Grade.good.name is Grade.normal.name)
```

该枚举类还提供了一个 __members__ 属性，该属性是一个包含枚举类中所有成员的字典。通过遍历该属性，也可以访问枚举类中的各个成员。

```
for name,member in Grade.__members__.items():
    print(name,"->",member)
```

值得一提的是，Python 枚举类中各个成员必须保证 name 互不相同，但 value 可以相同。

```
class Grade(Enum):
    good = 1
    normal = 1
    bad= 3
```

Python 允许上述这种情况的发生，它会将 normal 当作 good 的别名，因此当访问 normal 成员时，最终输出的是 good 。

在实际编程过程中，如果想避免发生这种情况，可以借助 @unique 装饰器，这样当枚举类中出现相同值的成员时，程序会报错误 ValueError。

【例 5–58】装饰器枚举类。

```
from enum import Enum,unique
@unique
class Grade(Enum):
    good = 1
    normal = 2
    bad= 3
```

除了通过继承 Enum 类的方法创建枚举类，还可以使用 Enum( ) 函数创建枚举类。

【例 5–59】使用 Enum( ) 函数创建枚举类。

```
from enum import Enum
Color = Enum("Color",('red','green','blue'))  #创建一个枚举类
```

5.2.8 可变对象和不可变对象

前面介绍过，可以认为 "在 Python 中一切皆对象"。如果从能否修改的角度讨论，对象又可以分为可变对象和不可变对象。

不可变对象包括 bool（布尔）、int（整数）、float（浮点数）、str（字符串）、tuple（元组）、frozenset（不可变集合），具有以下特性：

① 可 hash（不可变长度）。

② 不支持新增。

③ 不支持删除。

④ 不支持修改。

⑤ 支持查询。

可变对象包括 list（列表）、set（集合）、dict（字典），具有以下特性：

① 不可 hash（可变长度）。

② 支持新增。

③ 支持删除。

④ 支持修改。

⑤ 支持查询。

【例5-60】常用不可变对象。

```
a = 5
b = 5
print(id(a), id(b))                    #8791586873888 8791586873888
a = 6
print(id(a), id(b))                    #8791586873920 8791586873888
```

对于序列而言，str、bytes 等属于不可变序列，而 list 等属于可变序列。可以使用标准库判断类型是否是可变类型，一般继承自 collections.abc.MutableSequence 的是可变类型。

【例5-61】判断可变序列。

```
import collection.abc
issubclass(str,collection.abc.MutableSequence)
```

5.2.9　任务实现

修改 book.py，增加如下类的定义：

```
class Books(Base):
    def __init__(self):
        super().__init__('book.txt')
        super().load()
        self.books = []
        self.convert()


    def convert(self):
```

```
        for item in self.info:
            book_id,book_name,is_unsubs = item
            obj_book = Book(book_id,book_name,is_unsubs)
            self.books.append(obj_book)


    def is_exist(self,book_id):
        for bok in self.books:
            if usr.book_id == book_id:
                return True


        return False
```

修改 user.py，增加如下类的定义代码：

```
class Users(Base):
    def __init__(self):
        super().__init__('user.txt')
        self.users = []


    def convert(self):
        for item in self.info:
            user_id,user_name,user_dept,is_unsubs = item
            obj_user = User(user_id,user_name,user_dept,is_unsubs)
            self.users.append(obj_user)


    def is_exist(self,user_id):
        '''
        判断该用户是否存在
        '''
        for usr in self.users:
            if usr.user_id == user_id:
                return True


        return False
```

创建borrows.py模块，代码如下：

borrows.py
模块代码

```python
from .base import Base
from utils import space

from datetime import datetime
import time


class Borrow():

    def __init__(self,user_id,book_id,dt=str(datetime.now().strftime
    ("%Y-%m-%d"))):
        self.user_id = user_id
        self.book_id = book_id
        self.dt = dt


    def __str__(self):
        return self.user_id + space(4) + self.book_id + space(4) +
    self.dt


class Borrows(Base):
    def __init__(self,file_path="borrows.txt"):
        super(Borrows,self).__init__(file_path)
        self.borrows = []
        self.convert()


    def convert(self):
        for item in self.info:
            user_id,book_id,dt = item
            obj_borrow = Borrow(user_id,book_id,dt)
            self.borrows.append(obj_borrow)


    def __str__(self):
        result = ""
        for item in self.borrows:
```

```
            result += item.user_id + space(4) + item.book_id +
space(4)  + item.dt
        return result


    def is_canborrow(self,book_id):
        for item in self.borrows:
            if book_id == item.book_id:
                return False,item
        else:
            return True,None


    def borrow(self,user_id,book_id):
        is_flag,borrow_item = self.is_canborrow(book_id)
        if is_flag:
            borrow_item = Borrow(user_id,book_id)
            self.borrows.append(borrow_item)
            self.save(borrow_item)
            input("已经成功借阅,回车后返回")
            return True
        else:
            input("该书已借出,请更换图书,回车后返回")
            return False


    def save(self,borrow_item):
        with open(self.file_path,"w+",encoding="utf8") as f:
            result = ""
            for item in self.borrows:
                result += item.user_id + space(4) + item.book_id +
space(4) + item.dt + "\n"
            result = result[:-1]
            f.write(result)


    def query(self,book_id):
        result = []
```

```
    for item in self.borrows:
        if item.book_id == book_id:
            result.append(item)


    return result
```

项目实战　图书管理系统的图书归还处理

1. 业务描述

图书借阅后需要归还时，可以通过本功能模块完成。归还的处理方式是提交输入图书编号和用户编号，然后系统在对应文件中查找借阅记录，并在该记录中标注归还。

项目文档
图书管理系
统的图书归
还

2. 功能实现

图书归还处理主要修改 Borrows 类，增加两个成员实例方法，分别为 is_canreturn 和 return_book。其中，is_canreturn 用于判断是否能够归还，而 return_book 用于完成图书归还处理。

```
from .base import Base
from utils import space
from datetime import datetime
import time


class Borrow():
    def __init__(self,user_id,book_id,
    dt = str(datetime.now().strftime("%Y-%m-%d"))):
        self.user_id = user_id
        self.book_id = book_id
        self.dt = dt


    def __str__(self):
        return self.user_id + space(4) + self.book_id + space(4) +
    self.dt


class Borrows(Base):
```

图书归还处
理代码

```python
    def __init__(self,file_path="borrows.txt"):
        super(Borrows,self).__init__(file_path)
        self.borrows = []
        self.convert()

    def convert(self):
        for item in self.info:
            user_id,book_id,dt = item
            obj_borrow = Borrow(user_id,book_id,dt)
            self.borrows.append(obj_borrow)

    def __str__(self):
        result = ""
        for item in self.borrows:
            result += item.user_id + space(4) + item.book_id +
space(4) + item.dt
        return result

    def is_canborrow(self,book_id):
        #需要判断book和user是否存在，改为状态字

        for item in self.borrows:
            if book_id == item.book_id:
                return False,item
        else:
            return True,None

    def is_canreturn(self,book_id):
        for item in self.borrows:
            if book_id == item.book_id:
                return True,item
        else:
            return False,None
```

```python
    def borrow(self,user_id,book_id):
        is_flag,borrow_item = self.is_canborrow(book_id)
        if is_flag:
            borrow_item = Borrow(user_id,book_id)
            self.borrows.append(borrow_item)
            self.save(borrow_item)
            input("已经成功借阅,回车后返回")  #对比return, 说明写法不同
            return True
        else:
            input("该书已借出, 请更换图书, 回车后返回")
            return False


    def return_book(self,book_id):
        is_flag,borrow_item = self.is_canreturn(book_id)
        if is_flag:
            self.borrows.remove(borrow_item)
            self.save(borrow_item)
            return True
        else:
            return False


    def save(self,borrow_item):
        with open(self.file_path,"w+",encoding="utf8") as f:
            result = ""
            for item in self.borrows:
                result += item.user_id + space(4) + item.book_id +
space(4) + item.dt + "\n"
            result = result[:-1]
            f.write(result)


    def query(self,book_id):
        result = []
        for item in self.borrows:
            if item.book_id == book_id:
```

```
            result.append(item)

    return result
```

项目小结

本项目主要介绍了 Python 语言的面向对象程序设计，包括类和对象的使用等，并从 Python 元类的角度解释了"一切皆对象"的由来。最后，通过面向对象方式对图书借阅和归还功能加以实现。

习题

习题答案

一、选择题

1. 下列说法中，正确的是（   ）。

　　A. 类中不能定义私有方法

　　B. 所有类中定义的方法的第一个参数是 self

　　C. 类的实例无法访问类属性

　　D. 实例方法的第一个参数名可以为 self

2. 下列可以通过对象的成员操作符调用的是（   ）。

　　A. 类方法　　　　　　B. 实例方法　　　　　C. 静态方法　　　　　D. 析构方法

3. 阅读如下代码，输出结果为（   ）。

```
class Demo:
    val = 10
    def call(self):
        val = 20
        self.val += 10
        print(val)


d = Demo()
d.call()
```

　　A. 20　　　　　　　　B. 10　　　　　　　　C. 30　　　　　　　　D. 0

二、判断题

　　1. 实例方法可以通过类直接调用。 　　　　　　　　　　　　　　（　　）

　　2. 子类能够继承父类的全部方法。 　　　　　　　　　　　　　　（　　）

　　3. 子类能够重写父类的全部方法。 　　　　　　　　　　　　　　（　　）

三、填空题

　　1. 面向对象的三大特征是_____、_____和_____。

　　2. Python中定义类的关键字是_____。

　　3. 子类中借助_____函数调用父类的方法。

项目6
实现图书借阅报表展示

实现图书的借阅和归还是图书管理系统的重要功能。本项目主要介绍通过第三方库的函数实现图书借阅和归还功能，异常的相关知识以及通过日志记录异常等操作。

本项目学习目标

知识目标
◆ 熟悉常用的第三方库。
◆ 熟悉Matplotlib库。
◆ 理解Python中异常的概念。
◆ 掌握异常的相关知识。

技能目标
◆ 掌握Python生态库的概念。
◆ 掌握Python第三方库的安装方法。
◆ 掌握Python第三方库的使用方法。
◆ 掌握Python中pip命令的使用。
◆ 掌握Python中异常的分类及抛出异常的方法。
◆ 掌握通过日志记录异常的方法。

素养目标
◆ 将图书管理由纸质版报表转换为系统直接显示报表，了解数字化转型的重要意义。
◆ 善于利用第三方库解决问题，坚持"合作共赢"理念。
◆ 在编写系统时要学会使用异常提前捕捉，保证系统的正确运行且不存在漏洞，进而增强网络安全意识，提高网络安全防护能力。

任务 6.1　统计图书借阅情况并图形化展示

任务描述

图书借阅图表展示是图书管理系统的一个重要功能，用户可以通过特定程序，采用图形化方式显示图书借阅情况。该任务的实现主要涉及第三方库 Matplotlib 的使用，通过借阅模块的数据接口提供的数据，实现图书借阅信息的报表展示。

通过本任务，学习者应当熟练掌握 Python 环境下第三方库的安装和管理方法，掌握处理数据和生成图表的相关技术和方法，并熟悉可视化的主要技术特点。

6.1.1　库管理

在 Python 中，库安装通常有源码安装和在线工具安装两种方式。

公开发布的大部分第三方库都是开源的，大多数集中存放在 GitHub 或者 PyPI 上。PyPI（Python Package Index）是一个 Python 软件包仓库，Python 开发人员可以在其中发布、分享和下载各类 Python 软件包，源码一般是 zip、tar.zip、tar.gz 等格式的压缩包。进入解压好的文件夹，通常会看见一个 setup.py 文件。源码安装就是利用该文件完成的，具体可参考例 6-1。

微课 6-1：
库管理

【例6-1】使用源码安装方式安装 pybind11。

下载 pybind11-2.11.1.tar.gz，解压后使用 tree 工具查看。限于篇幅省略部分内容，大致呈现如下目录结构：

```
$ tree
├── tools
│   └── main.cpp
└── tests
    └── test.py
└── ...
    └── ...
...
├── setup.py
```

通过终端指令进入该目录，保持与 setup.py 文件统一目录，然后执行如下代码完成源码安装：

```
python setup.py install
```

有些老的Python第三方包可能没有放在PyPI服务器上，这时就需要使用easy_install工具来进行安装。一般的Python环境中默认已经安装该工具，如果发现本地环境中没有该工具，可以从相关工具网站下载 ez_setup.py 文件或对应的压缩包到本地。解压后使用如下指令，启动easy_install的安装过程：

```
Python ez_setup.py
```

运行后，在 Python 的系统目录下便可以看到文件 easy_install。直接运行命令"easy_install 包名"即可安装需要的包。

【例6-2】使用easy_install安装redis。

```
easy_install redis
```

如果想升级库，可以采用如下方式完成升级：

```
easy_install --upgrade redis
```

如果想删除库，可以采用如下方式完成：

```
easy_install -m redis
```

以上两种方式，对于目前相对复杂的生产环境而言，并不是最好的方式。这里推荐使用pip工具完成库的安装和管理。

一般情况下，pip工具已经随着Python环境安装完毕，如果没有可以采用如下方式安装。

（1）源码安装

在线下载脚本，具体代码如下：

```
wget https://bootstrap.pypa.io/get-pip.py
```

然后在同一目录下，执行如下指令：

```
python get-pip.py
```

（2）easy_install方式

使用easy_install工具也可以安装pip。在安装前，需要确保已经安装了Python的setuptools包。具体使用方式如下：

```
easy_install setuptools
easy_install pip
```

如果已经具备 pip 工具，往往在开始应用前需要将 pip 升级至最新版本，具体指令可选择下面任意一行：

```
pip install --upgrade pip
pip install -U pip
```

应用 pip 之前，无论是安装 Python 库还是管理已安装的库，都需要熟悉 pip 的常用命令，见表6-1。

表6-1　pip 常用命令

命　　令	功　　能
install	安装 Python 库
uninstall	卸载 Python 库
download	下载库但不安装
freeze	导出安装的 Python 库列表到文件
list	显示已安装的 Python 库列表，并且展示库的信息
search	搜索 Python 库
show	展示指定 Python 库的详情

【例6-3】使用 pip 工具安装 Numpy 库。

```
pip install numpy
```

如果想指定版本，可以在库名后加上版本号，具体如下。

```
pip install numpy==1.21
```

如果要卸载 NumPy，只需要在终端中输入以下命令：

```
pip uninstall numpy
```

在 Python 中，经常会使用 freeze 命令来复制当前环境所安装的库列表并导出到文件，具体如下。

【例6-4】freeze 命令的使用。

```
pip freeze > requirements.txt
```

">" 后面输入的是要导出的文件名称。执行例6-4后，将生成 requirements.txt 文件，其体例类似下面格式：

```
certifi==2018.4.16
chardet==3.0.4
...
Flask==1.0.2
```

有了requirements.txt文件，就可以非常方便地在需要的其他环境中完成库的安装，指令如下：

```
pip install -r requirements.txt
```

由于PyPI服务器的下载速度不快，所以在使用时经常使用国内镜像进行加速。下面代码将配置清华源作为下载镜像源：

```
pip config set global.index-url https://pypi.tuna.tsinghua.edu.
    cn/simple
```

配置后如果想恢复之前的默认镜像地址，可以执行下述代码完成重置：

```
pip config unset global.index-url
```

在Python中，whl文件是使用wheel格式存储的一种Python安装包，同时也是一个标准的内置包格式。可以将其看作Python库的一个压缩包文件，其包含安装Python的py文件、元数据以及编译过的pyd文件。

常用的whl发布网站是PyPI，可以直接使用pip工具下载。

【例6-5】下载whl。

```
pip download scikit_image
```

此外，也可以手动下载，即通过PyPI网站找到对应库，下载whl即可。

通过其他一些非官方定制化的whl下载站点也可以手动下载一些非官方的whl文件，方便用户在特定系统环境下使用。

有了对应系统平台的whl文件后，就可以使用pip工具进行安装，具体如下。

【例6-6】安装whl。

```
pip install
scikit_image-0.21.0-cp38-cp38-manylinux_2_17_x86_64.manylinux2014_x86_64
```

如果要自己制作whl文件，可以借助setuptools包完成，它是Python Distutils的加强版，特别是当库依赖于其他库时，使用setuptools可以使开发者构建和发布Python库更加容易。用setuptools构建和发布的库与用Distutils发布的包类似，且包的使用者无须安装setuptools就可以使用该包。

【例6-7】制作whl文件。

首先下载generate_ascii压缩文件，解压后文件夹为generate_ascii。添加setup.py文件，修改其内容如下：

```
from setuptools import setup, find_packages


setup(
    name='generate_ascii',
    version='0.0.1',
    packages=find_packages(),
    url='',
    license='',
    author='',
    author_email='packagename@example.com',
    description='',
    classifiers=['Development Status :: 4 - Beta',
        'Programming Language :: Python :: 3.7',
        'Programming Language :: Python :: 3.8'],
    keywords=''
)
```

执行如下语句，安装wheel：

```
pip install wheel
```

然后使用下面终端指令完成制作：

```
python setup.py bdist_wheel
```

6.1.2　Matplotlib 的应用

Matplotlib 是 Python 的绘图库，它能让使用者很轻松地将数据图形化，并且提供多样化的输出格式。Matplotlib 可以用来绘制各种静态、动态、交互式的图

微课 6-2：
Matplotlib
的应用

表。在具体展开Matplotlib介绍前，可以使用如下指令完成Matplotlib安装：

```
pip install matplotlib
```

为检查Matplotlib情况，使用如下Python程序检测版本：

```
import matplotlib
print(matplotlib.__version__)
```

pyplot 是 Matplotlib 的子库，提供了与 MATLAB 类似的绘图API。它是Python中常用的绘图模块，能很方便地让用户绘制 2D 图表。pyplot 包含一系列绘图函数，每个函数会对当前的图像进行一些修改，如给图像加上标记、生成新的图像、在图像中产生新的绘图区域等。

首先使用import命令导入 pyplot 库，并设置一个别名 plt，具体代码如下。

```
import matplotlib.pyplot as plt
```

下面例6-8展示了使用基本pyplot模块函数绘制一条直线。

【例6-8】绘制一条线。

```
import matplotlib.pyplot as plt
x = [1, 2, 3, 4, 5]
y = [2, 4, 6, 8, 10]
plt.plot(x, y)
plt.show()
```

执行上述代码，将会绘制如图6-1所示的一条直线。

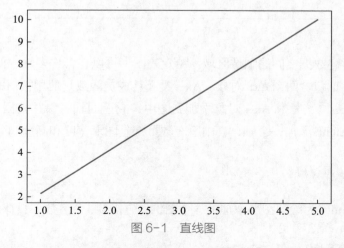

图6-1 直线图

上述程序中，plot( )函数完成直线绘制，show( )函数最后将图像显示出来。类似上述函数在pyplot中还有很多，表6-2列出了常用的一些函数。

表6-2　pyplot常用函数

函　　数	作　　用	函　　数	作　　用
plot()	用于绘制线图和散点图	hist()	用于绘制直方图
scatter()	用于绘制散点图	pie()	用于绘制饼图
bar()	用于绘制垂直条形图和水平条形图	imshow()	用于绘制图像

　　调用上述函数实际上已经能够完成大多数绘图工作，不过为了更精细地控制图形绘制，Matplotlib还提供很多类型，采用面向对象方式进行调用。以下介绍面向对象方式的绘制方法。

（1）Figure类

matplotlib.figure模块包含Figure类，它是所有plot元素的顶级容器。可以通过从pyplot模块调用figure()方法来实例化Figure对象，具体代码如下：

```
fig = plt.figure()
```

figure()方法还有一些参数，用于详细设置容器属性，详见表6-3。

表6-3　figure()方法的参数

参　　数	描　　述
figsize	(width, height) 以英寸为单位的元组
dpi	每英寸点数
facecolor	图的贴面颜色
edgecolor	图的边缘颜色
linewidth	边线宽度

（2）Axes类

　　Axes对象是具有数据空间的图像区域。给定的图形可以包含许多轴，但给定的Axes对象只能在一个图中。轴包含两个Axis对象。Axes类及其成员函数是使用接口的主要入口点。容器通过调用add_axes()方法将Axes对象添加到图中，它返回轴对象并根据位置参数rect[left, bottom, width, height]添加一个轴，其中所有数量都是图形宽度和高度的分数。

```
ax=fig.add_axes([0,0,1,1])
```

　　Axes类的legend()为绘图图形添加了一个图例。它需要3个参数，具体代码格式如下：

```
ax.legend(handles, labels, loc)
```

其中，labels是一系列字符串，处理一系列Line2D或Patch实例；loc可以是指定图例位置的字符串或整数。位置字符串和代码见表6-4。

表6-4　位置字符串和代码

位置字符串	位置代码	位置字符串	位置代码
best	0	center left	6
upper right	1	center right	7
upper left	2	lower center	8
lower left	3	upper center	9
lower right	4	center	10
right	5		

axes.plot()是轴类的基本方法，它将一个数组的值与另一个数组的值绘制为线或标记。plot()方法可以有一个可选的格式字符串参数来指定行和标记的颜色、样式和大小。在绘制时，需要注意表6-5~表6-7中的标记代码以方便调用。

表6-5　颜 色 代 码

字符标记	颜色	字符标记	颜色
b	Blue	m	Magenta
g	Green	y	Yellow
r	Red	k	Black
b	Blue	w	White
c	Cyan		

表6-6　标 记 代 码

字符标记	描述	字符标记	描述
.	点标记	H	六角标记
o	圆形标记	s	方形标记
x	X标记	+	加号标记
D	钻石标记		

表6-7　线 条 样 式

字符	描述	字符	描述
−	实线	:	虚线
−−	虚线	H	六角标记
−.	单点画线		

下面以一个具体案例展示以对象方式绘制图的基本方法。

【例6-9】以对象方式绘制图。

```python
import matplotlib.pyplot as plt
#显示中文设置
plt.rcParams['font.sans-serif'] = ['SimHei']
plt.rcParams['axes.unicode_minus'] = False
y = [1, 2, 3, 5, 8, 13,21, 34]
x1 = [1, 16, 25, 41,55, 68, 77,88]
x2 = [1,6,12,18,28, 40, 52, 65]
fig = plt.figure()
ax = fig.add_axes([0,0,1,1])
l1 = ax.plot(x1,y,'ys-')
l2 = ax.plot(x2,y,'go--')
ax.legend(labels = ('电器', '日用品'), loc = 'upper left')
ax.set_title("广告对商品销售的影响")
ax.set_xlabel('媒介')
ax.set_ylabel('销售')
plt.show()
```

执行上述代码，将输出如图6-2所示图形。

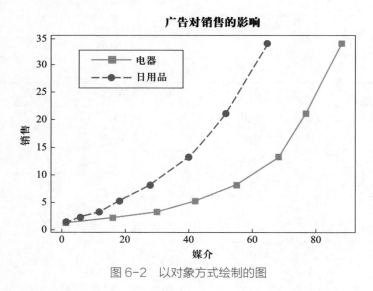

图 6-2   以对象方式绘制的图

在显示输出中文的图片中需要针对中文进行设置，具体设置代码如下：

```python
plt.rcParams['font.sans-serif'] = ['SimHei']
plt.rcParams['axes.unicode_minus'] = False
```

Matplotlib 具有广泛的文本支持，包括对数学表达式的支持，对光栅和矢量输出的 TrueType 的支持，具有任意旋转的换行符分隔文本以及 unicode 支持。Matplotlib 还包含自己的 matplotlib.font_manager，它实现了一个跨平台、符合 W3C 标准的字体查找算法。此外，还可以将任何 Matplotlib 文本字符串中的子集 TeXmarkup 放在一对美元符号 ($) 中。

【**例 6–10**】显示公式。

```python
import matplotlib.pyplot as plt
import numpy as np
import math
plt.rcParams['font.sans-serif'] = ['SimHei']
plt.rcParams['axes.unicode_minus'] = False
t = np.arange(0.0, 2.0, 0.01)
s = np.sin(2*np.pi*t)
plt.plot(t,s)
plt.title(r'正弦波形', fontsize=20)
plt.text(0.6, 0.6, r'$\mathcal{A}\mathrm{sin}(2 \omega t)$',
    fontsize = 20)
#plt.text(0.1, -0.5, r'$\sqrt{2}$', fontsize=10)
plt.xlabel('time (s)')
plt.ylabel('volts (mV)')
plt.show()
```

执行上述代码，将输出如图 6-3 所示结果。

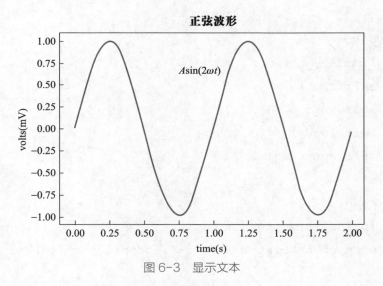

图 6-3　显示文本

当需要包图片保存时，可以使用如下代码完成：

```
plt.imsave("demo.png",img)
```

6.1.3　任务实现

在项目根目录下，创建 report 目录，增加两个文件，分别为 __init__.py 和 borrow_report. py。编辑 __init__.py，代码如下：

```
import sys
sys.path.append(r"/root/LibSys/v1/report")
```

borrow_report.py 文件是任务实现的主要单元，其代码如下：

```
import matplotlib.pyplot as plt
plt.rcParams["font.sans-serif"]=['SimHei']
plt.rcParams["axes.unicode_minus"]=False


from borrowing.history import Hist
from utils import space
from datetime import datetime


#seaborn

#图书借阅增长率

class Report:
    def __init__(self):
        self.hists = []
        self.info = []
        self.load()
        self.convert()

    def load(self):
        #print("Base.load")
        with open("hists.txt",'r+',encoding="utf8") as f:
```

borrow_
report.py
文件代码

```
            result = f.readlines()
            for line in result:
                #line = line[:-1]
                if "\n" == line[-1]:
                    line = line[:-1]
                items = line.split(space(4))
                for item in items:
                    item = item.strip()
                    print(len(item))
                self.info.append(items)


    def get_dict(self):
        x = dict()
        for item in self.hists:
            if x.__contains__(item.book_id):
                x[item.book_id] += 1
            else:
                x[item.book_id] = 1
        return x


    def convert(self):
        for item in self.info:
            user_id,book_id,dt = item
            obj_borrow = Hist(user_id,book_id,dt)
            self.hists.append(obj_borrow)


    def show(self):
        result = self.get_dict()

        plt.bar(result.keys(),result.values() , facecolor='#9999ff',
edgecolor='white')


        plt.show()
```

任务 6.2　异常及日志处理

任务描述

　　程序在运行过程中发生错误是不可避免的，这种错误在 Python 中被称为异常。

　　本任务的目标是实现图书管理系统中读写文件相关功能的异常处理。在借阅信息报表中，需要从文件中获取相关借阅数据。由于运行环境的不确定性，在执行过程中可能存在读取异常情况。本任务将针对该异常设计对应的异常处理程序，当用户遇到该异常情况发生时，系统会提示异常信息。

　　本任务的实现，需要学习者充分掌握 Python 中异常的特点和概念、掌握捕捉和处理异常及通过日志记录等技术。通过学习常见的异常类型和异常处理的技巧，学习者应当能够根据具体情况选择合适的异常处理方式，掌握使用日志模块记录异常信息和相关上下文，最终完成图书借阅系统异常处理，提升系统的健壮性。

6.2.1　异常概述

　　异常是在程序执行过程中，由于硬件、软件设计错误或者运行环境等原因导致的意外或错误情况。当程序在执行中遇到异常时，会中断正常的执行流程，导致程序异常终止。

　　引发异常的原因有很多，如数据类型使用不正确、使用未定义变量、打开不存在的文件、下标越界等。程序在遇到异常时系统会中断，并在中断后输出异常信息。例如有如下代码：

```
Traceback (most recent call last):
    File "C:\PycharmProjects\pythonProject1\main.py", line 1, in
  <module>
        print(abc)
NameError: name 'abc' is not defined
```

　　在上述输出结果中，第2行表示发生异常的文件以及行数，第4行表示发生异常的代码，第5行表示本次异常的类型及异常的描述。根据输出信息，可以很直观地发现此处的异常为变量 "abc" 未定义，即使用了未定义的变量，由此引发了 NameError 异常。

6.2.2　异常的类型

　　在 Python 中，异常是通过类来表示的，所有的异常类都继承自 BaseException 类或其子类，常见的继承关系如图 6-4 所示。

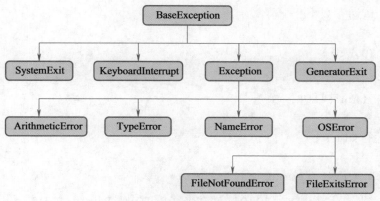

图 6-4　异常类的继承关系

由图 6-4 可知，BaseException 类是所有异常类型的基类，它派生了 4 个子类，分别是 SystemExit、KeyboardInterrupt、Exception 和 GeneratorExit。其中，SystemExit 是 Python 解释器退出异常，KeyboardInterrupt 是用户中断执行时产生的异常，Exception 是所有内置的、非系统退出的异常的基类，GeneratorExit 则是生成器退出异常。Exception 类中内置了很多常见的异常，以下介绍几种程序中经常出现的异常。

（1）TypeError

TypeError 是使用错误数据类型时可能会引发的异常，如字符串和整数相加。

【例 6-11】字符串和整数相加。

```
string = "Python"
number = 20
result = string + number
```

程序运行结果如下：

```
Traceback (most recent call last):
    File "C:\PycharmProjects\pythonProject1\main.py", line 3, in
  <module>
        result = string + number
TypeError: can only concatenate str (not "int") to str
```

在例 6-11 中，程序试图将字符串 "Python" 和整数 20 相加。然而，字符串和整数是不兼容的数据类型，不能直接进行相加操作。从程序运行结果中可以看到，因为字符串和整数之间不能进行加法操作，所以引发了 TypeError 异常。

另外，TypeError 也可能出现在函数调用时。当传递给函数的参数类型与函数期望的类型不匹配时，会引发 TypeError 异常。

【例6-12】传递参数不匹配。

```
def func(a, b):
    return a - b
result = func("10", 3)
```

程序结果运行如下：

```
Traceback (most recent call last):
    File "C:\PycharmProjects\pythonProject1\main.py", line 3, in
  <module>
        result = func("10", 3)
    File "C:\PycharmProjects\pythonProject1\main.py", line 2, in
  func
        return a - b
TypeError: unsupported operand type(s) for -: 'str' and 'int'
```

在例6-12中，func()函数的两个参数均为数值类型，计算两者的差。但是在调用函数时，将字符串"5"作为第1个参数传递，而不是期望的数字类型。从运行结果可以看到，因为字符串和整数之间不能进行减法操作，所以引发了 TypeError 异常。

（2）NameError

NameError 是使用不存在的变量时，可能会引发的异常。

【例6-13】使用不存在的变量。

```
print(abc)
```

运行结果如下：

```
Traceback (most recent call last):
    File "C:\PycharmProjects\pythonProject1\main.py", line 1, in
  <module>
        print(abc)
NameError: name 'abc' is not defined
```

在例6-13中，程序想要输出变量abc的值，但是在程序中并没有提前定义该变量，从运行结果中可以看到引发了 NameError 异常，提示变量abc未定义。

另外，NameError 也可能会出现在函数调用时，当尝试访问不存在的函数或方法时也会出现 NameError。

【例6-14】使用不存在的函数。

```
result = calculate_sum(3, 5)
```

程序运行结果如下：

```
Traceback (most recent call last):
    File "C:\PycharmProjects\pythonProject1\main.py", line 1, in
  <module>
        result = calculate_sum(3, 5)
NameError: name 'calculate_sum' is not defined
```

在例6-14中，程序想要通过调用一个名为calculate_sum的函数来计算3和5的和，但是并未在程序中定义该函数。从运行结果可以看到引发了NameError异常，提示函数calculate_sum未定义。

（3）FileNotFoundError

FileNotFoundError是Python中的一个异常类，当尝试打开不存在的文件时会引发该异常。

【例6-15】打开不存在的文件。

```
import os
file_path = "D:\\file.txt"
with open(file_path, "r") as file:
    content = file.read()
```

程序运行结果如下：

```
Traceback (most recent call last):
    File "C:\PycharmProjects\pythonProject1\main.py", line 3, in
  <module>
        with open(file_path, "r") as file:
FileNotFoundError: [Errno 2] No such file or directory: 'D:\\file.
  txt'
```

在例6-15中，程序尝试以只读模式打开一个名为file_file.txt的文件。然而，在该路径下不存在这个文件。从运行结果中可以看到，这引发了FileNotFoundError异常。

此外，FileNotFoundError也可能在其他文件操作中出现，如尝试删除不存在的文件。

【例6-16】删除不存在的文件。

```
import os
file_path = "D:\\file.txt"
os.remove(file_path)
```

程序运行结果如下：

```
Traceback (most recent call last):
    File "C:\PycharmProjects\pythonProject1\main.py", line 3, in
  <module>
        os.remove(file_path)
FileNotFoundError: [WinError 2] 系统找不到指定的文件。 : 'D:\\file.tx
```

在例6-16中，程序尝试删除一个名为file.txt的文件。同样是因为该路径下不存在这个文件，从运行结果中可以看到，引发了FileNotFoundError异常。

（4）IndexError

当尝试访问列表、元组或字符串等序列类型的索引超出范围时，会引发IndexError异常。

【例6-17】列表下标越界。

```
my_list = [1, 2, 3, 4]
print(my_list[4])
```

程序运行结果如下：

```
Traceback (most recent call last):
    File "C:\PycharmProjects\pythonProject1\main.py", line 2, in
  <module>
        print(my_list[4])
IndexError: list index out of range
```

在例6-17中，程序有一个包含4个元素的列表my_list。当尝试去访问my_list[4]时，超出了列表的范围（合法的索引范围是0~3）。从运行结果中可以看到，这引发了IndexError异常。

另外，IndexError也可能在其他序列类型的操作中出现，如访问字符串的索引超出范围。

【例6-18】字符串越界。

```
my_string = "python"
```

```
print(my_string[6])    #索引超出范围
```

程序运行结果如下：

```
Traceback (most recent call last):
    File "C:\PycharmProjects\pythonProject1\main.py", line 2, in
  <module>
        print(my_string[6])    #索引超出范围
IndexError: string index out of range
```

在例6-18中，程序中有一个包含6个字符的字符串my_string。当尝试访问索引为6的字符时，因为该索引超出了字符串的范围（合法的索引范围是0~4），从运行结果中可以看到引发了IndexError异常。

（5）ZeroDivisionError

ZeroDivisionError是当尝试除以零时引发的异常。

【例6-19】除数为0。

```
result = 5 / 0
print(result)
```

程序运行结果如下：

```
Traceback (most recent call last):
    File "C:\PycharmProjects\pythonProject1\main.py", line 1, in
  <module>
        result = 5 / 0
ZeroDivisionError: division by zero
```

在例6-19中，程序尝试用数字5除以0。数学的除法运算中，不能将一个数除以零，在Python中这同样是一个非法的操作。从运行结果中可以看到，这引发了ZeroDivisionError异常。

另外，ZeroDivisionError也可能在其他表达式中出现，如计算一个数的倒数时。

【例6-20】计算倒数。

```
num = 0
result= 1 / num
print(result)
```

程序运行结果如下:

```
Traceback (most recent call last):
    File "C:\PycharmProjects\pythonProject1\main.py", line 2, in
  <module>
        result= 1 / num
ZeroDivisionError: division by zero
```

在例6-20中，将一个值为0的变量作为除数。由于除法运算中不能将一个数除以0，从运行结果中可以看到引发了 ZeroDivisionError 异常。

（6）KeyError

KeyError 是指当尝试使用字典中不存在的键访问元素时引发的异常。

【例6-21】查看字典中不存在的键。

```
my_dict = {"name": "tom", "age": 20}
print(my_dict["sex"])
```

运行结果如下:

```
Traceback (most recent call last):
    File "C:\PycharmProjects\pythonProject1\main.py", line 2, in
  <module>
        print(my_dict["sex"])
KeyError: 'sex'
```

在例6-21中，程序有一个包含 name 键和 age 键的字典 my_dict，其中 name 对应的值为 "tom"，age 对应的值为20。当要查看 my_dict 字典中的内容时，通常会通过使用键去定位到对应的值，因此不能查看字典中不存在的键。当尝试使用 sex 作为键来访问值，而该键在字典中不存在时，从运行结果中可以看到引发了 KeyError 异常。

另外，KeyError 也可能在其他字典操作中出现，如尝试删除不存在的键。

【例6-22】删除字典中不存在的键。

```
my_dict = {"name": "tom", "age": 20}
del my_dict["sex"]
```

程序运行结果如下:

```
Traceback (most recent call last):
```

```
    File "C:\PycharmProjects\pythonProject1\main.py", line 2, in
    <module>
        del my_dict["sex"]
KeyError: 'sex'
```

在例6-22中，程序尝试删除一个名为sex的键，然而，由于该键在字典中不存在，从运行结果中可以看到引发了KeyError异常。

6.2.3 异常的捕获

微课 6-4：
异常的捕获

Python中执行到异常会导致整个程序的崩溃，而如果一个大的项目仅仅因为一个异常就导致系统无法正常运行，这显然不是人们想看到的结果。因此在编写程序时，就需要提前考虑可能出现的异常，通过异常捕获语句将异常捕获并处理，使得程序可以正常运行。

1. 使用 try-except 语句捕获和处理异常

try-except 语句格式如下：

```
try:
    语句
except ExceptionName1 [as error]:
    异常语句1
except ExceptionName2 [as error]:
    异常语句2
...
```

try-except 语句捕获异常的执行逻辑如图6-5所示，当try语句在执行过程中出现ExceptionName1异常时，则执行异常语句1；当出现ExceptionName2异常时，则执行异常语句2。

图6-5 try-except 语句执行逻辑

【例6-23】捕获多条异常。

```
try:
    num = int(input('请输入数字'))
    print(10 / num)
except ZeroDivisionError:
    print('除数不能为0')
except ValueError:
    print('print('请输入正确的数字'))
```

当程序运行时，如果输入的数字为正确的非零数10，那么程序正常运行，输出1；如果输入的数字为0，在执行 print(10 / num)时会引发ZeroDivisionError，执行print('除数不能为0')，即输出提示"除数不能为0"；如果输入的不是数字，如输入字母a，在执行print(10 / num)时会引发ValueError，执行print('请输入正确的数字')，即输出提示"请输入正确的数字"。

如果用户在编写代码时，不能很好地判断可能出现的异常种类，那么可以通过except语句来捕获所有异常。

【例6-24】捕获所有异常。

```
try:
    num = int(input('请输入数字'))
    print(10 / num)
except :
    print('出现异常')
```

在例6-24中，except语句并没有指明捕获异常的类型，此时会捕获到所有发生异常。

2. try-except-else 语句

try-except-else 语句格式如下：

```
try:
    语句
except ExceptionName1 [as error]:
    异常语句1
except ExceptionName2 [as error]:
    异常语句2
else:
    else语句
```

　　异常处理中的 else 语句和循环中的 else 语句类似，执行逻辑如图 6-6 所示。当 try 语句执行没有遇到异常时，则会执行 else 语句的内容。

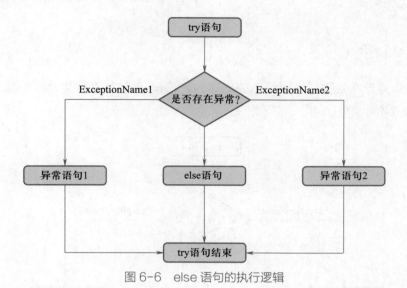

图 6-6　else 语句的执行逻辑

【例 6-25】try-except-else 语句。

```
try:
    num = int(input('请输入数字'))
    result= 10 / num
except ZeroDivisionError:
    print('除数不能为0')
except ValueError:
    print('请输入正确的数字')
else:
    print(result)
```

　　在例 6-25 中，当输入 0 或者非数字时，会执行异常部分的处理；当输入正确的数值时，输出计算结果。

3. finally 语句

finally 语句格式如下：

```
try:
    语句
except ExceptionName1 [as error]:
    异常语句1
```

```
except ExceptionName2 [as error]:
    异常语句2
finally:
    finally语句
```

finally 语句为异常处理提供了统一的出口，无论 try 语句是否发生异常，都会执行 finally 语句，如图 6-7 所示。

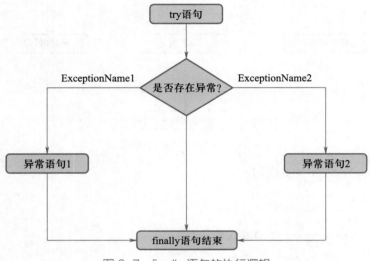

图 6-7   finally 语句的执行逻辑

【例 6-26】try-except-finally 语句。

```
try:
    num = int(input('请输入数字'))
    print( 10 / num)
except ZeroDivisionError:
    print('除数不能为0')
except ValueError:
    print('请输入正确的数字')
finally:
    print('程序终止')
```

在例 6-26 中，当输入 0 或者非数字时，会执行异常部分的处理；当输入正确的数值时，输出计算结果，这两种情况最后都会执行 print('程序终止') 语句。

finally 语句和 else 语句都是任选的，但 try 语句后至少有一个 except 语句或者 finally 语句，finally 语句中的内容经常用于做一些资源的清理工作，如关闭打开的文件、断开数据库连接等。

6.2.4　抛出异常

在Python中，除了程序运行出现错误时会引发异常，还可以使用raise语句主动地抛出异常。语法格式如下：

微课6-5：
异常的抛出

```
raise 异常类          #使用异常类名引发异常
raise 异常类对象       #使用异常类对象引发异常
raise                #重新抛出刚刚发生的异常
```

以上3种格式中，第1种格式和第2种格式是类似的，都会触发异常并创建异常类对象，第3种格式用于重新引发刚刚发生的异常。

1. 使用异常类名引发异常

当使用raise语句指定异常的类名时，会创建该类的实例对象，然后引发异常。

【例6-27】通过异常类名抛出异常。

```
raise ZeroDivisionError
```

程序执行结果如下：

```
Traceback (most recent call last):
File "C:\PycharmProjects\pythonProject1\main.py", line 1, in
   <module>
raise ZeroDivisionError
ZeroDivisionError
```

2. 使用异常类对象引发异常

通过显式地创建异常类的对象，直接使用该对象来引发异常。

【例6-28】通过异常类对象抛出ZeroDivisionError异常。

```
raise ZeroDivisionError()
```

程序执行结果如下：

```
Traceback (most recent call last):
    File "C:\PycharmProjects\pythonProject1\main.py", line 1, in
   <module>
       raise ZeroDivisionError()
ZeroDivisionError
```

3. 重新引发异常

不带任何参数的 raise 语句，可以再次引发刚刚发生过的异常。

【例 6-29】通过 raise 直接抛出异常。

```
try:
    raise ZeroDivisionError()
except:
    raise
```

程序执行结果如下：

```
Traceback (most recent call last):
    File "C:\PycharmProjects\pythonProject1\main.py", line 2, in
  <module>
        raise ZeroDivisionError()
ZeroDivisionError
```

6.2.5　日志处理

在 Python 中，日志是一种记录应用程序运行时事件和状态的重要工具。它可以帮助开发人员在调试和排查问题时追踪代码的执行流程，并提供有关应用程序运行情况的详细信息。Python 标准库中的 logging 模块提供了强大的日志功能，可以轻松地在应用程序中添加日志记录。尤其是当应用程序发生异常时，使用日志记录可以方便地捕获和记录异常信息。

【例 6-30】日志记录异常。

```
import logging
#配置日志记录
logging.basicConfig(level=logging.DEBUG, format='%(asctime)s -
    %(levelname)s - %(message)s')
try:
    #尝试执行可能引发异常的代码
    result = 10 / 0
except Exception as e:
    #记录异常信息
    logging.exception('An exception occurred')
#输出日志消息
```

```
logging.debug('This is a debug message')
logging.info('This is an info message')
logging.warning('This is a warning message')
logging.error('This is an error message')
logging.critical('This is a critical message')
```

在例6-28中，使用了try-except结构来捕获可能引发异常的代码块。在except模块中，使用logging.exception( )方法记录异常信息。该函数会将异常信息记录为日志消息，并包含异常的堆栈跟踪信息。当运行上述代码时，如果发生除以0的异常，将会记录异常信息，并将其作为日志消息输出。

6.2.6　任务实现

引入第三方库时，为了防止出现第三方库引入失败而导致的系统报错，使用try-except ImportError捕获该异常。

```
try:
    import matplotlib.pyplot as plt

    plt.rcParams["font.sans-serif"]=['SimHei']
    plt.rcParams["axes.unicode_minus"]=False

    from borrowing.history import Hist
    from utils import space
    from datetime import datetime

except ImportError:
    print("Failed to import module_name")
```

打开文件时，为了防止出现打开文件失败而导致的系统报错，使用try-except IOError来捕获打开文件失败的异常。

```
    try:
        with open("hists.txt", 'r+', encoding="utf8") as f:
            result = f.readlines()
            for line in result:
```

```
            #line = line[:-1]
            if "\n" == line[-1]:
                line = line[-1]
            items = line.split(space(4))
            for item in items:
                item = item.strip()
                print(len(item))
            self.info.append(items)
    except IOError:
        print("Failed to open file")
```

项目实战　实现图书借阅报表显示

1. 业务描述

图书借阅之后，可以通过本功能模块实现借阅报表的显示。

项目文档
实现图书借
阅报表显示

2. 功能实现

本模块将使用第三方库Matplotlib，实现图书借阅报表显示功能。创建报表类Report，增加4个成员实例方法load( )、get_dict( )、convert( )和show( )。

```
try:
    import matplotlib.pyplot as plt

    plt.rcParams["font.sans-serif"]=['SimHei']
    plt.rcParams["axes.unicode_minus"]=False


    from borrowing.history import Hist
    from utils import space
    from datetime import datetime


except ImportError:
    print("Failed to import module_name")
#seaborn
```

显示功能
代码

```python
#图书借阅增长率
class Report:
    def __init__(self):
        self.hists = []
        self.info = []
        self.load()
        self.convert()


    def load(self):
        #print("Base.load")
        try:
            with open("hists.txt", 'r+', encoding="utf8") as f:
                result = f.readlines()
                for line in result:
                    #line = line[:-1]
                    if "\n" == line[-1]:
                        line = line[:-1]
                    items = line.split(space(4))
                    for item in items:
                        item = item.strip()
                        print(len(item))
                    self.info.append(items)
        except IOError:
            print("Failed to open file")


    def get_dict(self):
        x = dict()
        for item in self.hists:
            if x.__contains__(item.book_id):
                x[item.book_id] += 1
            else:
                x[item.book_id] = 1
        return x
```

```python
    def convert(self):
        for item in self.info:
            user_id,book_id,dt = item
            obj_borrow = Hist(user_id,book_id,dt)
            self.hists.append(obj_borrow)


    def show(self):
        result = self.get_dict()

        plt.bar(result.keys(),result.values() , facecolor='#9999ff',
edgecolor='white')


        plt.show()
```

项目小结

本项目通过实现图书借阅情况报表展示，介绍了 Python 第三方库的相关知识与使用方法，异常的相关概念及分类，异常的捕获与抛出以及通过日志查看异常等内容。

习题

一、选择题

1. 下列 pip 常用命令中，表示 Python 库安装的是（　　　　）。

    A. uninstall   B. download   C. list   习题答案   D. Install

2. Python 中所有异常类的基类是（　　　　）。

    A. BaseException   B. SystemExit

    C. KeyboardInterrupt   D. Exception

3. 阅读如下代码，输出结果为（　　　　）。

```python
try:
    print(10 / 0)
except ZeroDivisionError:
    print('除数不能为0')
```

```
except ValueError:
    print('print('请输入正确的数字')')
```

A. 除数不能为0   B. 请输入正确的数字
C. 程序报错   D. 除数不能为0 请输入正确的数字

二、判断题

1. Matplotlib 是 Python 的绘图库。   (   )
2. Python中使用try-except-else结构捕获异常时，else 语句肯定会执行。   (   )
3. 可以通过日志，记录程序中的异常信息。   (   )

三、填空题

1. pip install命令表示_____。
2. Matplotlib.scatter( )方法用于_____。
3. try-except-else-finally结构中，_____子句一定会被调用。

项目7
实现远程访问图书信息

实现远程访问图书信息是图书管理系统的附加功能。本项目主要介绍通过 Socket 和多线程等应用技术实现远程访问图书信息，并通过单元测试等方式进一步重构完善系统。

本项目学习目标

知识目标
◆ 了解 Python 基于 Socket 的网络程序实现方法。
◆ 熟悉 Python 多线程应用技术。
◆ 了解 Python 单元测试。

技能目标
◆ 掌握 Socket 的使用方法。
◆ 熟悉 Thread 的使用方法。
◆ 掌握单元测试常见应用方法。
◆ 掌握重构的相关技术。

素养目标
◆ 网络编程需要具备一定的网络通信基础知识，才能明白如何设计网络程序，进而加深对"网络强国"的内涵理解。
◆ 通过本项目的实践过程了解测试的意义和作用，进而逐步为"规范化"编程奠定基础。
◆ 在重构系统代码的过程中,融入"高质量"理念，培养精益求精的工匠精神。

任务 7.1 网络访问图书信息

网络访问
图书信息

任务描述

图书管理系统的一个扩展功能是实现网络访问图书信息并提供远程展示。该功能的实现需要建立服务端和客户端两个独立的子程序。在使用过程中，服务端提供开放端口，可以接受外界访问；客户端程序利用服务端提供的网络接口，在异地访问服务端提供的图书相关信息。

本任务的实现主要涉及 Python 语言中 Socket 和并发处理相关编程知识和技能。通过本任务，学习者能够了解网络相关知识，掌握 Socket 编程应用特点，理解并发控制的特点和应用技术，并掌握 Python 中相关包及模块的使用方法。

7.1.1 并发处理——进程

微课 7-1：
并发处理——
进程

现代操作系统，如 Linux、Windows 等，都是支持"多任务"的操作系统。所谓多任务，是指操作系统可以同时运行多个任务。

对于操作系统来说，一个任务就是一个进程，任何应用程序的运行在操作系统中都至少启动了一个进程。有些进程在运行中同时执行了多个任务，如 gedit 可以同时进行打字、显示文档内容等。在一个进程内部，要同时干多件事，就需要同时运行多个"子任务"，进程内的这些"子任务"称为线程（Thread）。

一个进程至少有一个线程。一个进程若拥有多个线程，这些线程可以"同时"执行，即多线程的执行方式其实也是由操作系统在多个线程之间快速切换，让每个线程都短暂地交替运行，看起来就像同时执行一样。

同时执行多个任务，通常需要各个任务之间相互通信和协调，例如任务之间存在先后执行顺序，或者任务需交替进行。因此多进程和多线程的程序的复杂度要远远高于单进程或单线程的程序。

Python 语言内置了并发处理相关的库和类，既可以支持多进程，又可以支持多线程。

Linux 操作系统提供了一个系统调用函数 fork()。当 fork() 函数调用一次后，会返回两次，即操作系统自动把当前进程（称为父进程）复制一份（称为子进程），然后分别在父进程和子进程内返回。

【例 7-1】利用 os 模块的 fork() 函数创建子进程。

```
import os
print('当前进程ID: %s' % os.getpid())
pid = os.fork()
```

```
if pid == 0:
    print('子进程ID: (%s) 父进程ID: (%s)' % (os.getpid(),
os.getppid()))
else:
    print('父进程ID: (%s) 子进程ID: (%s)' % (os.getpid(), pid))
```

执行上述代码，os.getpid( )方法会返回进程ID，os.getppid( )方法会返回父进程ID，输出类似如下内容：

```
当前进程ID: 1257
父进程ID: (1257) 子进程ID: (1327)
当前进程ID: 1257
子进程ID: (1327) 父进程ID: (1257)
```

上述代码使用os模块fork( )函数在Windows环境中无法成功执行，但Python内置了multiprocessing模块，它是Python执行进程并发的标准模块。系统中需要并发处理的密集型任务一般可分为以下两类：计算密集型任务，是指CPU计算占主要的任务，如在一个很大的列表中查找元素或复杂的加减乘除运算等；而I/O密集型任务，则是指磁盘I/O、网络I/O占主要的任务，计算量很小，如请求网页、读写文件等。使用多进程往往是处理计算密集型任务的需求，如果是I/O密集型任务，则可以使用多线程去处理。

【例7-2】利用multiprocessing 模块创建子进程。

```
from multiprocessing import Process
import os
def run_proc(name):#子进程要执行的代码
    print('子进程 %s (%s)' % (name, os.getpid()))
if __name__=='__main__':
    print('父进程 %s.' % os.getpid())
    p = Process(target=run_proc, args=('test',))
    print('启动子进程')
    p.start()
    p.join()
    print('结束子进程')
```

start( )方法是启动进程执行，join( )方法会等待进程结束。执行上述程序，将输出如下类似结果：

```
父进程 146
启动子进程
子进程 test (350)
结束子进程
```

【例7-3】利用multiprocessing 模块。

先使用multiprocessing.Queue( )方法创建一个队列，然后定义如下代码：

```
import multiprocessing
import time
g_queue = multiprocessing.Queue()
def init_queue():
    print("g_queue初始化")
    while not g_queue.empty():
        g_queue.get()
    for _index in range(3):
        g_queue.put(_index)
    print("g_queue初始化结束")
    return
```

其中，init_queue( )方法用于向队列中添加初始数据。然后定义函数task_io( )，模拟I/O 密集型操作。具体代码如下：

```
def task_io(task_id):
    print("I/O密集型任务 [%s] 开始" % task_id)
    while not g_queue.empty():
        time.sleep(1)
        try:
            data = g_queue.get(block=True, timeout=1)
            print("I/O密集型任务 [%s]获取数据：%s" % (task_id, data))
        except Exception as ex:
            print("I/O密集型任务 [%s]错误：%s" % (task_id, str(ex)))
        print("I/O密集型任务 [%s]结束" % task_id)
    return task_id
```

下面代码为单进程直接执行的代码：

```
print("========== 直接执行I/O密集型任务 ==========")
init_queue()
time_0 = time.time()
task_io(0)
print("结束: ", time.time() - time_0, "\n")
```

执行上述程序将输出类似如下内容：

```
========== 直接执行I/O密集型任务 ==========
g_queue初始化
g_queue初始化结束
IO密集型任务[0] 开始
结束: 3.7670135498046875e-05
```

下面代码为多进程直接执行的代码：

```
print("========== 多进程执行I/O密集型任务 ==========")
cpu_count = 2
init_queue()
time_0 = time.time()
process_list = [multiprocessing.Process(target=task_io, args=(i,))
            for i in range(cpu_count)]
for p in process_list:
    p.start()
for p in process_list:
    if p.is_alive():
        p.join()
print("结束: ", time.time() - time_0, "\n")
```

执行上述程序将输出类似如下内容：

```
========== 多进程执行I/O密集型任务 ==========
g_queue初始化
g_queue初始化结束
I/O密集型任务[0] 开始
I/O密集型任务[1] 开始
```

```
I/O密集型任务[0]获取数据：0
I/O密集型任务[0]暂停
I/O密集型任务[1]获取数据：1
I/O密集型任务[1]暂停
I/O密集型任务[0]获取数据：2
I/O密集型任务[0]暂停
I/O密集型任务[1]错误：
I/O密集型任务[1]暂停
结束：3.050969362258911
```

如果要启动大量的子进程，可以用进程池Pool批量创建子进程。表7-1列举了常用的进程池方法。

表 7-1   常用进程池方法

方　　法	作　　用
apply( )	在一个池工作进程中执行指定函数并返回结果
apply_async( )	在一个池工作进程中执行指定函数并返回 AsyncResult 类的实例
Close( )	关闭进程池，防止进一步操作
Join( )	等待所有工作进程退出

【例7-4】利用进程池Pool创建多个子进程。

```python
from multiprocessing import Pool
import os, time, random
def long_time_task(name):
    print('运行任务 %s (%s)...\n' % (name, os.getpid()))
    start = time.time()
    time.sleep(random.random() * 3)
    end = time.time()
    print('任务 %s 运行 %0.2f 秒' % (name, (end - start)))
if __name__ =='__main__':
    print('父进程 %s' % os.getpid())
    p = Pool(4)
    for i in range(5):
        p.apply_async(long_time_task, args=(i,))
```

```
    print('等待子进程结束...')
    p.close()
    p.join()
    print('子进程结束')
```

对 Pool 对象调用 join( ) 方法会等待所有子进程执行完毕，调用之前必须先调用 close( ) 方法，因为调用 close( ) 方法之后就不能继续添加新的进程到 Pool 了。

执行上述程序后，将输出类似如下结果：

```
父进程 148
运行任务 0 (30682)...
运行任务 2 (30684)...
运行任务 1 (30683)...
运行任务 3 (30685)...
等待子进程结束...
任务 0 运行 0.32 秒
运行任务 4 (30682)...
任务 4 运行 1.59 秒
任务 1 运行 2.25 秒
任务 3 运行 2.88 秒
任务 2 运行 2.99 秒
子进程结束
```

很多时候在创建了子进程之后，还需要控制子进程的输入和输出。subprocess 模块功能不但可以启动一个子进程，而且能够管理控制其输入和输出。

【例 7-5】利用 subprocess 模块创建子进程并控制输入。

```
import subprocess
print('subprocess.call(["ls", "-l"])')  #查看端口
r = subprocess.call(["ls", "-l"])
print('Exit code:', r)
```

上述代码中的"-l"就是传递给"ls"指令进程的参数。执行上述代码，将打印输出类似如下结果：

```
subprocess.call(["ls", "-l"])
```

```
total 12
-rw-r--r-- 1 ex7.ipynb
Exit code: 0
```

如果子进程还需要输入，则可以通过communicate()方法输入。具体代码如下：

```
import time
import subprocess
def cmd(command):
    subp = subprocess.Popen(command,shell=True,
        stdout=subprocess.PIPE,stderr=subprocess.PIPE,
        encoding="utf-8")
    subp.wait(2)
    if subp.poll() == 0:
        print(subp.communicate()[1])
    else:
        print("失败")
cmd("python --version")
```

Process之间肯定是需要通信的，操作系统提供了很多机制来实现进程间的通信。Python的multiprocessing模块包装了底层的机制，并提供了Queue()和Pipes()等多种方法来完成进程交换数据。

【例7-6】利用Queue()方法交换数据。

```
from multiprocessing import Process, Queue
import os, time, random
q = Queue()
#写数据进程执行的代码
def write(q):
    print('写: %s' % os.getpid())
    for value in ['A', 'B', 'C']:
        print('放入%s到队列...' % value)
        q.put(value)
        time.sleep(random.random())
#读数据进程执行的代码
```

```
def read(q):
    print('读: %s' % os.getpid())
    while True:
        value = q.get(True)
        print('从队列获取%s' % value)
if __name__=='__main__':
    #父进程创建Queue，并传给各个子进程
    pw = Process(target=write, args=(q,))
    pr = Process(target=read, args=(q,))
    #启动子进程pw，写入
    pw.start()
    #启动子进程pr，读取
    pr.start()
    #等待pw结束
    pw.join()
    #pr进程里是死循环，无法等待其结束，只能强行终止
    pr.terminate()
```

执行上输入代码，将输出如下结果：

```
写: 35661
放入A到队列...
读: 35664
从队列获取A
放入B到队列...
从队列获取B
放入C到队列...
从队列获取C
```

7.1.2　并发处理——线程

由于线程是操作系统直接支持的执行单元，因此高级语言通常都内置多线程的支持，Python 也不例外。而且，Python 的线程是真正的系统级线程（POSIX Thread），而不是模拟出来的线程。但由于 Python 中使用了全局解释锁（GIL）的概念，导致 Python 中的多线程并不是并行执行，而是"交替执行"。

微课 7-2：
并发处理——
线程

Python 的标准库提供了 _thread 和 threading 两个模块。旧版本 Python 的 thread 模块已被废弃，现在可以使用 threading 模块替代。所以，在 Python 3 中不能再使用 thread 模块。为了保持兼容性，Python 3 将 thread 重命名为 _thread。

【例7-7】线程创建。

```
import time, threading
#新线程执行的代码：
def loop():
    print('线程%s正在运行...' % threading.current_thread().name)
    n = 0
    while n < 5:
        n = n + 1
        print('线程%s>>> %s' % (threading.current_thread().name, n))
        time.sleep(1)
    print('线程%s结束' % threading.current_thread().name)
print('线程%s正在运行...' % threading.current_thread().name)
t = threading.Thread(target=loop, name='LoopThread')
t.start()
t.join()
print('线程%s结束' % threading.current_thread().name)
```

执行上述代码，将输出如下结果：

```
线程MainThread正在运行...
线程LoopThread正在运行...
线程LoopThread>>> 1
线程LoopThread>>> 2
线程LoopThread>>> 3
线程LoopThread>>> 4
线程LoopThread>>> 5
线程LoopThread结束
线程MainThread结束
```

由于任何进程默认就会启动一个线程，因此该线程被称为主线程，主线程又可以启动新的线程。Python 的 threading 模块有个 current_thread() 函数，它永远返回当前线程的实例。主线程实例的名称为 MainThread，子线程的名称在创建时指定。名称仅仅在打印时用来显示，没有其他意义，如果不起名，Python 就自动给线程命名为 Thread-1、Thread-2 等。

多线程和多进程最大的不同在于：多进程中，同一个变量在每个进程中各自有一份副本，互不影响；而多线程中，所有变量都由所有线程共享，任何一个变量都可以被任何一个线程修改，因此，线程之间共享数据最大的危险就在于多个线程可以同时修改一个变量，造成变量不一致等问题。

【例 7-8】线程造成不一致数据及相应处理。

```python
import time, threading
#假定这是你的银行存款
balance = 0
def change_it(n):
    #先存后取，结果应该为 0
    global balance
    balance = balance + n
    time.sleep(1)
    balance = balance - n
def run_thread(n):
    for i in range(2000000000):
        change_it(n)
t1 = threading.Thread(target=run_thread, args=(5,))
t2 = threading.Thread(target=run_thread, args=(8,))
t1.start()
t2.start()
t1.join()
t2.join()
print(balance)
```

上述程序定义了一个共享变量 balance，初始值为 0，并且启动两个线程，先存后取，理论上结果应该为 0。但是，由于线程的调度是由操作系统决定的，当 t1、t2 交替执行时，只要循环次数足够多，某时刻 balance 的结果就不一定是 0 了。

如果要确保 balance 计算正确，就要给操作"上一把锁"。当某个线程开始执行 change_it( ) 方法时，此时线程因为获得了锁，则其他线程不能同时执行 change_it( ) 方法，只能等待；直到锁被释放后，其他线程获得该锁以后才能执行。创建一个锁是通过 threading.Lock( ) 方法来实现的。具体修改后的代码如下：

```python
import time, threading
```

```
balance = 0
lock = threading.Lock()
def change_it(n):
    global balance
    lock.acquire()
    balance = balance + n
    time.sleep(1)
    balance = balance - n
    lock.release()
def run_thread(n):
    for i in range(5):
        change_it(n)
t1 = threading.Thread(target=run_thread, args=(5,))
t2 = threading.Thread(target=run_thread, args=(8,))
t1.start()
t2.start()
t1.join()
t2.join()
print(balance)
```

执行上述代码后，输出结果为：

```
0
```

Python 语言中提供了 ThreadLocal 变量，其主要作用是存储当前线程的变量，各个线程之间的变量名是可以相同的，但是线程之间的变量是隔离的，也就是每个线程有自己的变量副本，互不干扰。ThreadLocal 变量可以理解为一个字典，字典的第 1 个 key 是线程 id，每个线程的变量存储到自己 id 的字典里。

【例 7-9】ThreadLocal 应用。

```
import threading
import time
local = threading.local()
def func():
    print(f"id: {local.id_},name:{local.name}, num: {local.num}")
```

```
        time.sleep(1)
def run(num):
        local.id_ = threading.current_thread().ident
        local.name = threading.current_thread().name
        local.num = num
        func()
if __name__ == "__main__":
        t1 = threading.Thread(target=run, args=(1,))
        t2 = threading.Thread(target=run, args=(2,))
        t1.start()
        t2.start()
        t1.join()
        t2.join()
```

执行上述程序，将输出类似如下结果：

```
id: 140698732967680, name: Thread-29 (run), num: 1
id: 140698724574976, name: Thread-30 (run), num: 2
```

ThreadLocal变量最常用的地方就是为每个线程绑定一个数据库连接、HTTP请求或用户身份信息等，这样线程的所有调用到的处理函数都可以非常方便地访问这些资源。一个ThreadLocal变量虽然是全局变量，但每个线程都只能读写自己线程的独立副本。因此，ThreadLocal解决了参数在一个线程中各个函数之间互相传递的问题。

7.1.3　并发处理——协程

协程又称为微线程或纤程。在实现多任务时，线程切换从系统层面远不止保存和恢复上下文这么简单。操作系统为了程序运行的高效性，每个线程都有自己的缓存Cache等，操作系统还会对这些数据进行恢复操作。因此，线程的切换实际上非常消耗资源，但是协程的切换则只是单纯地操作的上下文。

微课 7-3：
并发处理——
协程

子程序调用是通过栈实现的，一个线程就是执行一个子程序。协程看上去也是子程序，但其执行过程中在子程序内部可中断，然后转而执行别的子程序，在适当的时候再返回来接着执行。子程序调用总是有一个入口，每次返回的调用顺序是明确的。而协程的调用和子程序不同，其可以在执行过程中主动暂停，将控制权交给其他协程，然后在需要时再恢复执行。这种切换不是由操作系统或调度器自动管理的，而是由协程本身显式地控制。这种协作式的切换方式可以使得协程之间更加灵活地共享资源和协同工作，从而实现并发。

和多线程相比，协程最大的优势就是极高的执行效率。因为子程序切换不是线程切换，而是由程序自身控制，因此协程的性能优势就越发明显。其第二大优势就是不需要多线程的锁机制，因为只有一个线程，也不存在同时写变量冲突，在协程中控制共享资源不加锁，只需要判断状态即可，所以执行效率比线程高很多。

在 Python 中实现协程有多种不同方式，主要分为内置实现和第三方库实现两种。

【例 7-10】应用协程的内置实现。

新建文件 async_demo.py，输入如下程序：

```python
import asyncio
import time
async def say_after(delay, what):
    await asyncio.sleep(delay)
    print(what)
async def main():
    print(f"started at {time.strftime('%X')}")
    await say_after(1, 'hello')
    await say_after(2, 'world')
    print(f"finished at {time.strftime('%X')}")
asyncio.run(main())  #放到Event Loop中才能执行
```

在上述代码中，使用 async 语句声明了函数为异步函数，这种异步函数运行的返回结果是一个 coroutine 对象，而该对象需要放到 Event Loop 中才能执行。

执行上述程序，输出结果如下：

```
started at 16:04:05
hello
world
finished at 16:04:08
```

从结果中可以看出，Python 中的异步执行模式依赖于 Event Loop，在等待的间隙中需要从 Event Loop 中找其他可以运行的程序，await 关键字就是将 coroutine 转化成一个 task 加入到 Event Loop 中去。执行第 1 个 say_after( ) 方法的时候，第 2 个 say_after( ) 方法并没有加入到 Event Loop 中去，所以在第 1 个 say_after( ) 方法等待的时候无法去执行第 2 个 say_after( ) 方法，最终导致的结果就是程序运行了 3 s，并没有达到异步的效果。若要体现异步的效果，需要在执行前将协程加入 Event Loop。

例如下面程序使用 gather( ) 方法提前加入 Event Loop，具体代码如下：

```python
import asyncio
import time
async def say_after(delay, what):
    await asyncio.sleep(delay)
    print(what)
async def main():
    task1 = asyncio.create_task(say_after(1, 'hello'))
    task2 = asyncio.create_task(say_after(2, 'world'))
    print(f"started at {time.strftime('%X')}")
    await task1
    await task2
    print(f"finished at {time.strftime('%X')}")
async def main():
    print(f"started at {time.strftime('%X')}")
    await asyncio.gather(
        say_after(1, 'hello'),
        say_after(2, 'world')
    )
    print(f"finished at {time.strftime('%X')}")
asyncio.run(main())
```

执行代码输出如下结果：

```
started at 17:18:52
hello
world
finished at 17:18:54
```

使用第三方库，如 gevent、Trio、Curio 和 asyncio-nats-client 等也可以实现协程。下面以 gevent 为例，说明其使用方法。

【例7-11】应用第三方库实现协程。

```python
import gevent
def task(name, count):
    for i in range(count):
```

```
        print(f"Task {name}: {i}")
        gevent.sleep(0.5)   #模拟耗时操作
coroutine1 = gevent.spawn(task, "A", 5)#创建协程对象
coroutine2 = gevent.spawn(task, "B", 5)
gevent.joinall([coroutine1, coroutine2])#等待所有协程执行完毕
```

执行上述代码，输出如下内容：

```
Task A: 0
Task B: 0
Task A: 1
Task B: 1
Task A: 2
Task B: 2
Task A: 3
Task B: 3
Task A: 4
Task B: 4
```

7.1.4   网络协议

微课 7-4：
认识网络
协议

　　互联网（internet）是20世纪最伟大的发明之一。internet是由inter和net两个单词组合起来的，原意就是连接"网络"的网络。有了互联网，任何私有网络只要支持相应协议，就可以联网。为了把全世界的所有不同类型的计算机都连接起来，就必须规定一套全球通用的协议。为了实现互联网这个目标，互联网协议簇便诞生了。

　　协议就是计算机与计算机之间通过网络实现通信事先达成的一种"约定"。这种"约定"使那些由不同厂商的设备、不同的CPU以及不同的操作系统组成的计算机之间能够实现通信。反之，如果使用的协议不同，就无法通信。

　　科学家采用了理想化的OSI/RM7层参考模型来描述协议。该模型是一个逻辑上的定义，它把网络协议从逻辑上分为7层，每层都有相关的物理设备。OSI/RM7层参考模型是一种框架性的设计方法，建立该模型的主要目的是为解决异种网络互连时所遇到的兼容性问题，其最主要的功能就是帮助不同类型的主机实现数据传输。它的最大优点是将服务、接口和协议这3个概念明确区分开，通过7个层次化的结构模型使不同的系统不同的网络之间实现可靠的通信。

　　① 物理层：主要定义物理设备标准，如网线的接口类型、光纤的接口类型、各种传输介

质的传输速率等。它的主要作用是传输比特流，因此也常把这一层的数据叫作"比特"。

② 数据链路层：定义了如何让格式化数据以进行传输，以及如何让控制对物理介质的访问。这一层通常还提供错误检测和纠正，以确保数据的可靠传输。

③ 网络层：为位于不同地理位置的网络中的两个主机系统之间提供连接和路径选择。互联网的发展使得从世界各站点访问信息的用户数大大增加，而网络层正是管理这种连接的层。

④ 传输层：定义了一些传输数据的协议和端口号，如 TCP、UDP 等。其主要功能是将从下层接收的数据进行分段和传输，到达目的地址后再进行重组。常把这一层的数据叫作"段"。

⑤ 会话层：通过传输层建立数据传输的通路，主要在不同主机设备的系统之间发起会话或者接受会话请求。

⑥ 表示层：用于确保一个系统的应用层所发送的信息可以被另一个系统的应用层读取。例如，两台计算机进行通信，其中一台计算机使用扩展十进制交换码(EBCDIC)，而另一台计算机则使用美国信息交换标准码（ASCII）来表示相同的字符，如有必要，表示层会通过使用一种通用格式来实现多种数据格式之间的转换。

⑦ 应用层：最靠近用户的 OSI 层，为用户的应用程序，如电子邮件、文件传输和终端仿真等提供网络服务。

OSI/RM 参考模型如图 7-1 所示。

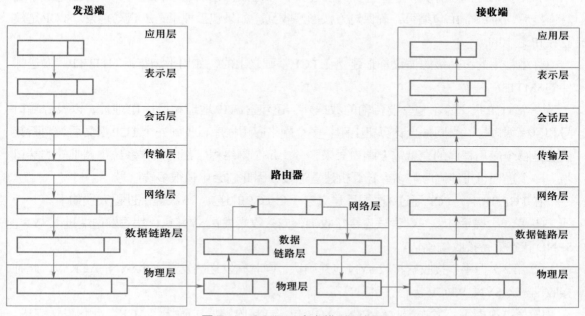

图 7-1　OSI/RM 参考模型示意图

实际上，互联网协议包含了上百种协议标准，但其中最重要的两个协议是 TCP（传输控制协议）和 IP（互联网协议）。围绕 TCP 和 IP 构建了 TCP/IP 协议簇，其中包括 TCP、UDP、

ARP、ICMP、IP等协议。由于TCP/IP协议簇可行性较强，因此成为事实上的标准。表7-2说明了TCP/IP协议簇与OSI/RM参考模型的对应关系。

表7-2　TCP/IP 协议簇与 OSI/RM 参考模型对应关系

TCP/IP 协议簇	OSI/RM 参考模型
应用层	应用层
	表示层
	会话层
主机到主机层（TCP）（又称传输层）	传输层
网络层（IP）（又称互联层）	网络层
网络接口层（又称链路层）	数据链路层
	物理层

　　IP规定了通信双方的标识规则，进而能够区分两台主机是否同属一个网络，这套地址就是网络地址（IP地址）。IP将这个32位的地址分为两部分，前面部分代表网络地址，后面部分表示该主机在局域网中的地址。如果两个IP地址在同一个子网内，则网络地址一定相同。为了判断IP地址中的网络地址，IP还引入了子网掩码，IP地址和子网掩码通过按位与运算后就可以得到网络地址。如果一台计算机同时接入到两个或更多的网络，它就会有两个或多个IP地址，因而IP地址对应的实际上是计算机的网络接口，通常是网卡。

　　TCP负责在两台计算机之间建立可靠连接，保证数据包按顺序到达。TCP在通过握手建立连接后，对每个IP包编号，确保对方按顺序收到。如果包丢掉了，就自动重发。TCP是建立在IP之上的。

　　许多常用的更高级的协议都是建立在TCP基础之上的，如用于浏览器的HTTP、发送邮件的SMTP等。

　　一个TCP报文除了包含要传输的数据外，还包含源IP地址和目标IP地址，以及源端口号和目标端口号。当同一台计算机上跑着多个网络应用程序，收到一个TCP报文后，判断其到底是哪个应用程序的，就需要端口号来区分。每个网络程序都向操作系统申请唯一的端口号。一个进程也可能同时与多台计算机建立连接，因此它会申请很多端口号。

　　在TCP/IP中，TCP通过3次握手建立起一个TCP的连接，3次握手过程大致如下。

　　① 第1次握手：发送端尝试连接接收端，向接收端发送SYN包，然后发送端进入SYN_SEND状态等待接收端确认。

　　② 第2次握手：接收端接收SYN包并确认，同时向发送端发送一个SYN+ACK包，此时接收端进入SYN_RECV状态。

　　③ 第3次握手：发送端收到SYN+ACK包，向接收端发送确认包ACK，此包发送完毕，发送端和接收端进入ESTABLISHED状态，完成3次握手。

　　3次握手只是一个数据传输的过程，传输前需要一些准备工作，如将创建一个套接字（Socket），收集一些计算机的资源，将一些资源绑定到套接字里面，以及接收和发送数据的函数等，这些功能接口构成了Socket编程的基础。

7.1.5　Socket

微课 7-5：
Socket 简介

Socket是TCP/IP协议簇中不同主机应用进程之间进行双向通信的端点抽象。一个Socket就是网络上进程通信的一端，提供了应用进程利用网络协议交换数据的机制。从应用角度讲，Socket是应用程序通过网络协议进行通信的接口，它允许不同计算机上的进程通过网络进行数据交换。

在Socket编程中，常用的套接字类型（Socket Type）有流套接字（SOCK_STREAM）和数据报套接字（SOCK_DGRAM）两种。

① 流套接字（SOCK_STREAM）基于TCP，提供可靠的、面向连接的通信。它通过建立双向的字节流进行数据的传输，确保数据的顺序和可靠性。

② 数据报套接字（SOCK_DGRAM）基于UDP，提供无连接的、不可靠的通信。它以数据报的形式进行通信，不保证数据的顺序和可靠性。

使用Python创建Socket对象的语法规则如下：

```
socket.socket([family[, type[,protocal]]])
```

上述初始化代码中，参数family可以选择AF_UNIX或者AF_INET；参数type可以根据是面向连接的还是非连接的分为SOCK_STREAM或SOCK_DGRAM；参数protocol 一般不填，默认为0。

根据Socket对象的使用目的，常将其分为服务端的和客户端的两种抽象角色。表7-3描述了服务端Socket对象常用方法。

表 7-3　服务端 Socket 常用方法

方　　法	描　　述
bind()	绑定地址（host,port）到 Socket，在 AF_INET 下，以元组（host,port）的形式表示地址
listen()	开始 TCP 监听。参数 backlog 指定在拒绝连接之前操作系统可以挂起的最大连接数量，该值至少为 1，大部分应用程序设为 5 即可
accept()	被动接受 TCP 客户端连接，阻塞式等待连接的到来

还有一些方法是属于客户端Socket的专用方法，见表7-4。

表 7-4　客户端 Socket 的常用方法

方　　法	描　　述
connect()	主动初始化 TCP 服务器连接。一般参数 address 的格式为元组（hostname,port），如果连接出错，返回 socket.error 错误
connect_ex()	connect() 方法的扩展版本，出错时返回出错码，而不是抛出异常

对于收发信息而言，客户端和服务端是一样的。表7-5描述了Socket的常用公共方法。

表 7-5　Socket 常用公共方法

方　　法	描　　述
recv()	接收 TCP 数据，数据以字符串形式返回。参数 bufsize 指定要接收的最大数据量；参数 flag 提供有关消息的其他信息，通常可以忽略
send()	发送 TCP 数据，将 string 中的数据发送到连接的 Socket。返回值是要发送的字节数量，该数量可能小于 string 的字节大小
sendall()	完整发送 TCP 数据。将 string 中的数据发送到连接的 Socket，但在返回之前会尝试发送所有数据。成功返回 None，失败则抛出异常
recvfrom()	接收 UDP 数据，与 recv() 方法类似，但返回值是（data,address），其中 data 是包含接收数据的字符串，address 是发送数据的套接字地址
sendto()	发送 UDP 数据，将数据发送到 Socket，参数 address 是形式为（ipaddr, port）的元组，指定远程地址。返回值是发送的字节数
close()	关闭套接字

【例 7-12】利用TCP方式实现客户端和服务端互相发送消息。

代码server.py实现了服务端Socket对象初始化，使用循环不断获取来自客户端的连接，然后完成发送消息"world"。服务端代码如下：

```python
import socket                              #导入 socket 模块
s = socket.socket(socket.AF_INET, socket.SOCK_DGRAM)
                                           #创建 socket 对象
s.bind(('', 7005))                         #绑定端口
while True:
    data, addr = s.recvfrom(1024)
    s.sendto(b'World',addr)
    if data.decode() == 'exit':
        break

s.close()
```

Client.py实现了一个简单的客户端实例，连接到以上创建的服务端，具体代码如下：

```python
import socket                              #导入 socket 模块
```

```
s = socket.socket(socket.AF_INET, socket.SOCK_DGRAM)
                                        #创建 socket 对象
s.sendto('exit'.encode('utf-8'), ('127.0.0.1', 7005))
s.close()
```

如果在本地尝试运行上述两部分代码，在执行时先在单独的终端执行服务端程序，具体方式如下：

```
python server.py
```

然后在新的终端执行如下代码：

```
python client.py
```

虽说用Socket编写简单的网络程序很方便，但复杂一点的网络程序还是用现成的框架比较好。这样就可以专心于事务逻辑，而不是套接字的各种细节。SocketServer模块简化了编写网络服务程序的任务。同时SocketServer模块也是Python标准库中很多服务器框架的基础。

【例7-13】利用SocketServer方式实现客户端和服务端互相发送消息。

```
import socketserver
class MyTCPHandler(socketserver.BaseRequestHandler):
    def handle(self):
        #self.request is the TCP socket connected to the client
        self.data = self.request.recv(1024).strip()
        print("{} wrote:".format(self.client_address[0]))
        print(self.data)
        #just send back the same data, but upper-cased
        self.request.sendall(self.data.upper())
if __name__ == "__main__":
    HOST, PORT = "localhost", 9999
    #Create the server, binding to localhost on port 9999
    server = socketserver.TCPServer((HOST, PORT), MyTCPHandler)
    #Activate the server; this will keep running until you
    #interrupt the program with Ctrl-C
    server.serve_forever()
```

上述代码被执行后，将一直运行，可以按Ctrl+C组合键终止程序。以下是客户端调用代码：

```python
import socket
import sys
HOST, PORT = "localhost", 9999
data = " ".join(sys.argv[1:])
sock = socket.socket(socket.AF_INET, socket.SOCK_STREAM)
try:
    sock.connect((HOST, PORT)) #连接服务端
    sock.sendall(bytes(data + "\n", "utf-8"))
    received = str(sock.recv(1024), "utf-8")    #获取数据
finally:
    sock.close()
print("Sent:     {}".format(data))
print("Received: {}".format(received))
```

在单独的终端或者单独jupyter文件环境中执行上述代码，将会在客户端输出类似如下内容：

```
Sent:     -f /home/root/.local/share/jupyter/runtime/kernel-
   09870bd0-90e1-4294-bbec-1f38037d446e.json
Received: -F /HOME/ROOT/.LOCAL/SHARE/JUPYTER/RUNTIME/KERNEL-
   09870BD0-90E1-4294-BBEC-1F38037D446E.JSON
```

在服务端执行上述代码，将会打印输出如下内容：

```
127.0.0.1 wrote:
b'-f /home/root/.local/share/jupyter/runtime/kernel-09870bd0-
   90e1-4294-bbec-1f38037d446e.json'
```

7.1.6 任务实现

本任务主要实现远程查询图书信息，利用本任务中介绍的线程和Socket知识和技术完成。

首先在代码根目录下建立service包，再在该包下创建相关文件模块。最终形成如下包

结构:

```
__init__.py
base.py
book.py
tcp_server.py
utils.py
```

在该包下创建代码文件 tcp_server.py,其代码如下:

```python
import socket
import threading
import sys
import os
from book import Books
from borrows import Borrows
books =[]
class TCP_Server():
    def __init__(self):
        global books,borrows
        self.s = socket.socket(socket.AF_INET,socket.SOCK_STREAM)
        self.s.bind(('127.0.0.1', 7000))
        self.s.listen(5)
        books = Books()
        books.convert()
    def __del__(self):
        self.s.close()
    @staticmethod
    def rev(conn, addr):
        global books
        while True:
            data =conn.recv(1024).decode()
            if not data:
                print('no data : ', addr)
```

tcp_server.
py 文件代码

```
                        break
                    if data.lower()=="cc":
                        print('close : ', addr)
                        break
                    else:
                        conn.send(str(books).encode())
    def run(self):
        while True:
            sock, addr = self.s.accept()#接受一个新连接：
            #创建新线程来处理TCP连接：
            t = threading.Thread(target=TCP_Server.rev, args=
    (sock, addr))
            t.start()
if __name__=="__main__":
    server = TCP_Server()
    server.run()
```

base.py 模块文件代码如下：

```
from utils import space
class Base():
    def __init__(self,file_path):
        self.file_path = file_path
        self.info = []
    def load(self):
        with open(self.file_path,'r+',encoding="utf8") as f:
            result = f.readlines()
            for line in result:
                if "\n" == line[-1]:
                    line = line[:-1]
                items = line.split(space(4))
                for item in items:
                    item = item.strip()
                self.info.append(items)
```

base.py 模块文件代码

```
    def convert(self):
        raise NotImplementedError("convert function: not
implemented!")
```

util.py 模块文件代码如下：

```
def space(num):
    return " " * num
```

book.py 模块文件代码如下：

```
from base import Base
from utils import space
class Book():
    def __init__(self,book_id,book_name,is_unsubs):
        self.book_id = book_id
        self.book_name = book_name
        self.is_unsubs = is_unsubs
    def __str__(self):
        return self.book_id + space(4) + self.book_name
    @staticmethod
    def search(book_id):
        pass
class Books(Base):
    def __init__(self):
        super().__init__('/home/root/v3/book.txt')
        super().load()
        self.books = []
    def convert(self):
        for item in self.info:
            book_id,book_name,is_unsubs = item
            obj_book = Book(book_id,book_name,is_unsubs)
            self.books.append(obj_book)
    def __str__(self):
        result= ''
```

book.py 模块文件代码

```
        for item in self.books:
            result += str(item) + '\n'
        return result
    def __repr__(self):
        self.__str__()
    def is_exist(self,book_id):
        for bok in self.books:
            if bok.book_id == book_id:
                return True
        return False
```

然后在代码根目录下建立 remote 包，在该包下创建文件 tcp_client.py，代码
如下：

tcp_client.
py 文件代码

```
import socket
import sys
class TCP_Client():
    def __init__(self):
        self.s = socket.socket(socket.AF_INET,socket.SOCK_STREAM)
        self.s.connect(("127.0.0.1",7000))
    def send(self,msg):
        self.s.send(msg.encode())
        data = self.s.recv(1024).decode()
        print(data)
    def close(self):
        self.s.close()
        sys.exit()
if __name__=="__main__":
    client = TCP_Client()
    while True:
        msg = str(input("请输入消息(输入'cc'结束,其他字符继续查阅):"))
        if msg.lower()=='cc':
            client.close()
            break
        client.send(msg)
```

测试执行时，先在一个终端下进入到 service 目录，使用如下指令执行服务端程序：

```
python tcp_server.py
```

然后在本地新建终端，进入 remote 目录，测试执行客户端程序，具体指令如下：

```
python tcp_client.py
```

任务 7.2　实现单元测试和代码重构

实现单元测试和代码重构

任务描述

图书管理系统已接近完成，不过在实现各个功能模块后，会发现有很多不完善的代码，所以需要对系统实现重构。

本任务主要针对系统现有图书借阅部分代码进行重构。现有系统的图书信息和远程访问功能代码中存在大量功能相似的内容，根据面向对象程序设计实现原则，这些代码在系统发生变更的情况下，将增加系统维护成本和隐患。为消除该问题，本任务将对图书信息和借阅信息两个类型实施代码重构，提取公共部分，以完善代码性能。在重构过程中，撰写单元测试，用来保证修改前后接口协调一致，降低代码修改所引入的变更风险。

通过本任务，学习者能够理解重构的基本思想，同时掌握 Python 中的单元测试技术，保障重构过程顺利完成。

7.2.1　单元测试

在计算机编程中，单元测试又称为模块测试，是针对程序模块进行正确性检验的测试工作。程序单元是应用的最小可测试部件。在过程化编程中，一个单元就是单个程序、函数、过程等；对于面向对象编程，最小单元就是方法，包括基类、抽象类或者派生类中的方法。

微课 7-6：
单元测试

如果单元测试通过，说明测试的这个程序单元能够正常工作。如果单元测试不通过，就需要修复程序模块。单元测试的一个重要衡量标准就是代码覆盖率，应尽量做到代码的全覆盖。

Python 标准库包含的 unittest 模块用于测试。该模块不仅有助于单元测试，可用于各种自动化测试的框架，从验收测试到集成测试再到单元测试都可以使用。unittest 包括以下 3 点特性。

① 提供用例组织与执行：当测试用例只有几条时，可以不考虑用例的组织；但是当测试用例数量较多时，就需要考虑用例的规范与组织问题。

② 提供丰富的断言方法：unittest 单元测试框架提供了丰富的断言方法，通过捕获返回值

并与预期值进行比较，即可得出测试通过与否。

③ 提供丰富的日志：所有用例执行结束都会反馈整体执行情况，如总体执行时间、失败用例数、成功用例数等。

表7-6列出了unittest核心概念组成部分。

表 7-6　unittest 核心概念组成

核心部分	作　　用
TestCase	一个 TestCase 的实例就是一个测试用例，它是一个完整的测试流程，包括测试前准备环境的搭建 (setUp)、实现测试过程的代码 (run) 以及测试后环境的还原 (tearDown)
TestSuite	一个功能的验证往往需要多个测试用例，可以把多个测试用例集合在一起执行，这就产生了测试套件 TestSuite
TestLoader	用来加载 TestCase 到 TestSuite 中
TextTestRunner	执行测试用例，并将测试结果保存到 TextTestResult 实例中
TestFixture	测试用例的初始化准备及环境还原，主要是 setUp( ) 和 tearDown( ) 方法

创建unittest单元测试过程大致如下：

① 导入unittest模块、被测文件或者其中的类。

② 创建一个测试类，并继承unittest.TestCase。

③ 如果有初始化条件和结束条件，重写setUp( )和tearDown( )方法。若setUp( )方法成功运行，无论测试方法是否成功，都会运行tearDown( )方法。

④ 定义测试函数，函数名以test_开头，以识别测试用例。

⑤ 调用unittest.main( )方法运行测试用例。

⑥ 用例执行后，需要判断用例是通过或失败。

【例7-14】利用unittest完成计算类单元测试。

创建test_cal.py文件，具体代码如下：

```python
import unittest
class CalUtil:
    @staticmethod
    def add(x, y):
        """加法"""
        return x + y
class TestCal(unittest.TestCase):
    def setUp(self):
        print('setUp...')
```

```
    def tearDown(self):
        print('tearDown...')
    def test_add_01(self):
        #测试数据
        x = 1
        y = 2
        expect = 3
        result = CalUtil.add(x, y)          #调用被测方法
        print(f"result={result}")
        self.assertEqual(expect, result) #断言
    def test_add_02(self):
        #测试数据
        x = 1
        y = -1
        expect = 0
        result = CalUtil.add(x, y)          #调用被测方法
        print(f"result={result}")
        #断言
        self.assertEqual(expect, result)
if __name__ == '__main__':
    unittest.main()
```

新建终端，在终端中输入如下指令启动测试：

```
python cal_test.py
```

执行后将输出类似如下结果：

```
setUp...
result=3
tearDown...
.setUp...
result=0
tearDown...
----------------------------------------------------------------------
Ran 2 tests in 0.000s
```

```
OK
```

除了以上简约的使用方法，还可以结合 TestSuite 完成单元测试，具体代码如下：

单元测试
代码

```python
import unittest
class CalUtil:
    @staticmethod
    def add(x, y):
        """加法"""
        return x + y
class TestCal(unittest.TestCase):
    def setUp(self):
        print('setUp...')
    def tearDown(self):
        print('tearDown...')
    def test_add_01(self):
        #测试数据
        x = 1
        y = 2
        expect = 3
        result = CalUtil.add(x, y)  #调用被测方法
        print(f"result={result}")
        self.assertEqual(expect, result)  #断言
    def test_add_02(self):
        #测试数据
        x = 1
        y = -1
        expect = 0
        result = CalUtil.add(x, y)  #调用被测方法
        print(f"result={result}")
        self.assertEqual(expect, result)  #断言
def suite():    #创建测试添加测试套件函数
    suite = unittest.TestSuite()    #建立测试套件
    suite.addTests([TestCal('test_add_01'), TestCal('test_add_02')])
```

```
    return suite
if __name__ == '__main__':
    runner = unittest.TextTestRunner(verbosity=2)
    runner.run(suite())
```

上述代码中使用了 TestSuite 和 TextTestRunner，实际上 TestSuite 还可以嵌套使用，此处不再详述。执行上述代码后，将输出类似如下内容：

```
test_add_01 (__main__.TestCal) ... setUp...
result=3
tearDown...
ok
test_add_02 (__main__.TestCal) ... setUp...
result=0
tearDown...
ok
```

7.2.2　重构

微课 7-7：
重构

重构（Refactoring）就是通过调整程序代码改善软件的质量、性能，使程序的设计模式和架构更趋合理，从而提高软件的扩展性和维护性。

重构与设计是互补的。程序应该是先设计，而在开始编码后，设计上的不足可以用重构来弥补。设计应该是适度的，如果能很容易地通过重构来适应需求的变化，那么就不必过度设计，当需求改变时再重构代码。

开发者可能在程序设计或实现时遇到多种问题，这些问题都是需要用重构来解决的，具体见表 7-7。

表 7-7　重构面对的问题

类　　型	描　　述
代码臃肿	主要表现为类的定义复杂庞大、函数语句过多、代码重复等
非必要代码	主要表现为注释过多、无用代码等
非面向变化	主要表现为类的平行的继承体系等
过度设计	主要表现为违反单一职责、属性拆分过度等
强耦合	主要表现为类关系过于紧密、代码依赖具体类型等

【例7-15】修改代码实现重构。

```python
class Person():
    name = ""
    sex = ""
    age = -1
    officeAreaCode = "";  #电话区号
    officeNumber = "";  #电话号码
    #... 省略代码...
```

在上述代码中，关于电话的部分实际上就存在问题：Person 类关于电话的属性可以考虑独立设计为一个类，这样可以让 Person 类型更精简，同时也可以应对未来的变化。尝试通过如下代码完成重构：

```python
class TelePhoneNumber():
    officeAreaCode = "";  #电话区号
    officeNumber = "";  #电话号码
    #... 省略代码...
class Person():
    name = ""
    sex = ""
    age = -1
    phonenumber = TelePhoneNumber()
```

7.2.3　任务实现

首先重新整理程序结构，检查问题代码。在目前的程序中，service 目录下与 borrowing 包中代码有很多重复，属于"代码臃肿"，可以考虑使用重构的方式重新规划代码结构，降低代码重复。

首先，在根目录下新建 conf.py 文件，用来存储常量和可配置信息。注意当部署到新的环境的时候，需要修改相应的路径。具体代码如下：

```python
BOOK_PATH = "/home/root/v3/book.txt"
USER_PATH = "/home/root/v3/user.txt"
BORROWS_PATH = "/home/root/v3/borrows.txt"
HIST_PATH = "/home/root/v3/hists.txt"
```

然后创建entity包，将service中的book.py、base.py和util.py等移动到该包下并修改。修改后的book.py具体代码如下：

```python
from entity.base import Base
from utils import space
import conf
class Book():
    def __init__(self,book_id,book_name,is_unsubs):
        self.book_id = book_id
        self.book_name = book_name
        self.is_unsubs = is_unsubs
    def __str__(self):
        return self.book_id + space(4) + self.book_name + space(4) +
    self.is_unsubs
    @staticmethod
    def search(book_id):
        pass
class Books(Base):
    def __init__(self):
        super().__init__(conf.BOOK_PATH)
        super().load()
        self.books = []
    def convert(self):
        for item in self.info:
            book_id,book_name,is_unsubs = item
            obj_book = Book(book_id,book_name,is_unsubs)
            self.books.append(obj_book)
    def __str__(self):
        result= ''
        for item in self.books:
            result += str(item) + '\n'
        return result
    def __repr__(self):
        self.__str__()
    def is_exist(self,book_id):
```

book.py 代码

```
            for bok in self.books:
                if bok.book_id == book_id:
                    return True
            return False
```

修改 service 包中 tcp_server.py 模块，调整引入模块路径部分，具体代码如下：

tcp_server.
py 模块代码

```
import socket
import threading
import sys
import os
sys.path.append(os.path.dirname(os.path.dirname(os.path.abspath
    (__file__))))
from entity.book import Books
books =[]
class TCP_Server():
    def __init__(self):
        global books,borrows
        self.s = socket.socket(socket.AF_INET,socket.SOCK_STREAM)
        self.s.bind(('127.0.0.1', 7000))
        self.s.listen(5)
        books = Books()
        books.convert()
    def __del__(self):
        self.s.close()
    @staticmethod
    def rev(conn, addr):
        global books
        print('connection : ', addr)
        while True:
            data =conn.recv(1024).decode()
            if not data:
                print('no data : ', addr)
                break
            if data.lower()=="cc":
```

```
                    print('close : ', addr)
                    break
            else:
                conn.send(str(books).encode())
    def run(self):
        while True:
            sock, addr = self.s.accept()     #接受一个新连接
            #创建新线程来处理TCP连接
            t = threading.Thread(target=TCP_Server.rev, args=
    (sock, addr))
            t.start()
if __name__=="__main__":
    server = TCP_Server()
    server.run()
```

使用同样的方法，修改borrowing包中的代码。首先删除该包下的base.py和book.py，修改borrows.py后代码如下：

```
import sys
import os
sys.path.append(os.path.dirname(os.path.dirname(os.path.
    abspath(__file__))))
from entity.base import Base
from entity.utils import space
import conf
from datetime import datetime
class Borrow():
    def __init__(self,user_id,book_id,dt=str(datetime.now().
    strftime("%Y-%m-%d"))):
        self.user_id = user_id
        self.book_id = book_id
        self.dt = dt
    def __str__(self):
        return self.user_id + space(4) + self.book_id + space(4) +
    self.dt
```

borrows.py
代码

```python
class Borrows(Base):
    def __init__(self,file_path=conf.BORROWS_PATH):
        super(Borrows,self).__init__(file_path)
        self.borrows = []
        self.convert()
    def convert(self):
        for item in self.info:
            user_id,book_id,dt = item
            obj_borrow = Borrow(user_id,book_id,dt)
            self.borrows.append(obj_borrow)
    def __str__(self):
        result = ""
        for item in self.borrows:
            result += item.user_id + space(4) + item.book_id +
    space(4)  + item.dt
        return result
    def is_canborrow(self,book_id):
        #需要判断book,user是否存在， 改为状态字
        for item in self.borrows:
            if book_id == item.book_id:
                return False,item
        else:
            return True,None
    def is_canreturn(self,book_id):
        for item in self.borrows:
            if book_id == item.book_id:
                return True,item
        else:
            return False,None
    def borrow(self,user_id,book_id):
        is_flag,borrow_item = self.is_canborrow(book_id)
        if is_flag:
            borrow_item = Borrow(user_id,book_id)
            self.borrows.append(borrow_item)
```

```
            self.save(borrow_item)
            input("已经成功借阅,回车后返回")  #对比return,说明写法不同
            return True
        else:
            input("该书已借出, 请更换图书, 回车后返回")
            return False
    def return_book(self,book_id):
        is_flag,borrow_item = self.is_canreturn(book_id)
        if is_flag:
            self.borrows.remove(borrow_item)
            self.save(borrow_item)
            return True
        else:
            return False
    def save(self,borrow_item):
        with open(self.file_path,"w+",encoding="utf8") as f:
            result = ""
            for item in self.borrows:
                result += item.user_id + space(4) + item.book_id +
space(4) + item.dt + "\n"
            result = result[:-1]
            f.write(result)
    def query(self,book_id):
        result = []
        for item in self.borrows:
            if item.book_id == book_id:
                result.append(item)
        return result
```

使用类似方式,修改 history.py 后代码如下:

```
from entity.utils import space
from entity.base import Base
class Hist:
```

history.py
代码

```python
    def __init__(self,user_id,book_id,dt):
        self.user_id = user_id
        self.book_id = book_id
        self.dt = dt
    def __str__(self):
        return ("{}" + space(4) + "{}" + space(4)+ "{}").format
    (self.user_id,self.book_id,self.dt)


    def get(self,start,end):
        pass
class Hists(Base):
    def __init__(self,file_path=conf.HIST_PATH):
        super(Hists,self).__init__(file_path)
        self.hists = []
        self.convert()
    def convert(self):
        for item in self.info:
            user_id,book_id,dt = item
            obj_borrow = Hist(user_id,book_id,dt)
            self.hists.append(obj_borrow)
    def insert(self,hist=None):
        with open(self.file_path,"a+",encoding="utf8") as f:
            f.write(str(hist) + "\n")
```

使用类似方式，修改 user.py 后代码如下：

```python
from entity.base import Base
from entity.utils import space
class User():
    def __init__(self,user_id,user_name,user_dept):
        self.user_id = user_id
        self.user_name = user_name
        self.user_dept = user_dept
    def __str__(self):
```

user.py 代码

```
        return self.user_id + space(4) + self.user_name + space(4) +
    self.user_dept + space(4) + self.is_unsubs
class Users(Base):
    def __init__(self):
        super().__init__(conf.)
        self.users = []
    def convert(self):
        for item in self.info:
            user_id,user_name,user_dept,is_unsubs = item
            obj_user = User(user_id,user_name,user_dept,is_unsubs)
            self.users.append(obj_user)
    def is_exist(self,user_id):
        '''
        判断该用户是否存在
        '''
        for usr in self.users:
            if usr.user_id == user_id:
                return True

        return False
```

针对图书查询建立单元测试文件 ut_book.py，主要针对图书数据进行单元测试，以验证读取数据的结果是否正确。具体代码如下：

```
import unittest
import sys
import os
sys.path.append(os.path.dirname(os.path.dirname(os.path.abspath
    (__file__))))
from entity.book import Books
class Test_Book(unittest.TestCase):
    def setUp(self):
        self.target = Books()
        print('setUp...')
```

测试代码

```
    def tearDown(self):
        print('tearDown...')
    def test_count(self):
        self.target.convert()
        expect = 3 #测试数据
        #调用被测方法
        result = self.target.books.__len__()
        #断言
        self.assertEqual(expect, result)
def suite():    #创建测试添加测试套件函数
    suite = unittest.TestSuite()    #建立测试套件
    suite.addTests([Test_Book('test_count')])
    return suite
if __name__ == '__main__':
    runner = unittest.TextTestRunner(verbosity=2)
    runner.run(suite())
```

项目实战　实现远程查询借阅情况

1. 业务描述

仿照本项目中远程查询图书信息的方式，完成查询借阅历史情况信息。过程中需要有针对性地重构代码。

项目文档
实现远程查询借阅情况

2. 功能实现

查询借阅情况，可以参考本项目实现中的图书信息部分，涉及访问接口和实体类型的修改。borrows.py 代码修改如下：

borrows.py
代码

```
from entity.base import Base
from entity.utils import space
from datetime import datetime
import conf
class Borrow():
    def __init__(self,user_id,book_id,dt=str(datetime.now().
    strftime("%Y-%m-%d"))):
```

```
        self.user_id = user_id
        self.book_id = book_id
        self.dt = dt
    def __str__(self):
        return self.user_id + space(4) + self.book_id + space(4) +
    self.dt
class Borrows(Base):
    def __init__(self,file_path=conf.BORROWS_PATH):
        super(Borrows,self).__init__(file_path)
        self.borrows = []
        self.convert()
    def convert(self):
        for item in self.info:
            user_id,book_id,dt = item
            obj_borrow = Borrow(user_id,book_id,dt)
            self.borrows.append(obj_borrow)


    def __str__(self):
        result = ""
        for item in self.borrows:
            result += item.user_id + space(4) + item.book_id +
    space(4)  + item.dt
        return result
    def __repr__(self):
        self.__str__()
    def is_canborrow(self,book_id):
        for item in self.borrows:
            if book_id == item.book_id:
                return False,item
        else:
            return True,None
    def is_canreturn(self,book_id):
        for item in self.borrows:
            if book_id == item.book_id:
```

```
                    return True,item
        else:
            return False,None
    def borrow(self,user_id,book_id):
        is_flag,borrow_item = self.is_canborrow(book_id)
        if is_flag:
            borrow_item = Borrow(user_id,book_id)
            self.borrows.append(borrow_item)
            self.save(borrow_item)
            input("已经成功借阅,回车后返回")
            return True
        else:
            input("该书已借出, 请更换图书, 回车后返回")
            return False
    def return_book(self,book_id):
        is_flag,borrow_item = self.is_canreturn(book_id)
        if is_flag:
            self.borrows.remove(borrow_item)
            self.save(borrow_item)
            return True
        else:
            return False
    def save(self,borrow_item):
        with open(self.file_path,"w+",encoding="utf8") as f:
            result = ""
            for item in self.borrows:
                result += item.user_id + space(4) + item.book_id +
space(4) + item.dt + "\n"
            result = result[:-1]
            f.write(result)
    def query(self,book_id):
        result = []
        for item in self.borrows:
            if item.book_id == book_id:
```

```
            result.append(item)
        return result
```

修改 tcp_server.py 文件，具体代码如下：

tcp_server.
py 文件代码

```python
import socket
import threading
import sys
import os
sys.path.append(os.path.dirname(os.path.dirname(os.path.
    abspath(__file__))))
from entity.book import Books
from entity.borrows import Borrows
books =[]
borrows = []
class TCP_Server():
    def __init__(self):
        global books,borrows
        self.s = socket.socket(socket.AF_INET,socket.SOCK_STREAM)
        self.s.bind(('127.0.0.1', 7000))
        self.s.listen(5)  #连接数量
        books = Books()
        books.convert()
        borrows = Borrows()
        borrows.convert()
    def __del__(self):
        self.s.close()
    @staticmethod
    def rev(conn, addr):
        global books,borrows
        print('connection : ', addr)
        while True:
            data =conn.recv(1024).decode()
            if not data:
```

```
                        print('no data : ', addr)
                cmd = data.lower()
                if cmd=="cc":
                    print('close : ', addr)
                elif cmd=="bb":
                    conn.send(str(borrows).encode())
                else:
                    conn.send(str(books).encode())
    def run(self):
        try:
            while True:
            #接受一个新连接
                sock, addr = self.s.accept()
                print( sock, addr)
                #创建新线程来处理TCP连接
                t = threading.Thread(target=TCP_Server.rev, args=
    (sock, addr))
                t.start()
if __name__=="__main__":
    server = TCP_Server()
    server.run()
```

修改 remote 包中 tcp_client.py，具体代码如下：

```
import socket
import sys
class TCP_Client():
    def __init__(self):
        self.s = socket.socket(socket.AF_INET,socket.SOCK_STREAM)
        self.s.connect(("127.0.0.1",7000))
    def __del__(self):
        self.close()
    def send(self, msg):
        self.s.send(msg.encode())
```

tcp_client.
py 代码

```
            data = self.s.recv(1024).decode()
        def close(self):
            self.s.close()
            sys.exit()
    if __name__=="__main__":
        client = TCP_Client()
        while True:
            msg = str(input("请输入消息（输入'cc'结束，输入'bb'查询借阅
    信息，其他字符查询图书信息）："))
            if msg.lower()=='cc':
                client.close()
                break
            client.send(msg)
```

项目小结

　　本项目实现了远程访问图书信息等任务，介绍了Python并发编程的使用方法、Socket的相关技术和单元测试技术等，引导读者对系统重构进行思考，强化了代码检查与重构的关系。实际上，这方面的知识和技术还有很多，需要读者不断钻研实践，才能较好地掌握。

习题

习题答案

一、选择题

1. 下列Python常用命令中，（　　　　　）是Socket方法。

　　A. Sent( )　　　　　　B. Sendto( )　　　　　C. call( )　　　　　D. send( )

2. Python中线程的启动运行方法是（　　　　）。

　　A. Start( )　　　　　　B. call( )　　　　　　C. get( )　　　　　D. join( )

3. 重构面向的问题包括（　　　　）。

　　A. 代码臃肿　　　　B. 非面向变化　　　　C. 过度设计　　　　D. 强耦合

二、判断题

1. Socket的bind( )方法一般是应用在服务端的方法。　　　　　　　　　（　　　）

2. ThreadLocal变量的主要作用是存储当前线程的变量。　　　　　　　（　　　）

3. unittest 是 Python 内置的单元测试库。 （　　）

三、填空题

1. Python 中标准线程模块是_____。

2. unittest 用例基础类型是_____。

参考文献

［1］黄锐军. Python 程序设计 [M]. 2 版. 北京：高等教育出版社，2021.

［2］李学刚. Python 语言程序设计 [M]. 北京：高等教育出版社，2019.

［3］张俊，喻洁. Python 程序设计 [M]. 北京：高等教育出版社，2020.

［4］芒努斯·利·海特兰德. Python 基础教程 [M]. 3 版. 北京：人民邮电出版社，2023.

［5］董付国. Python 程序设计 [M]. 3 版. 北京：清华大学出版社，2020.

郑重声明

高等教育出版社依法对本书享有专有出版权。任何未经许可的复制、销售行为均违反《中华人民共和国著作权法》，其行为人将承担相应的民事责任和行政责任；构成犯罪的，将被依法追究刑事责任。为了维护市场秩序，保护读者的合法权益，避免读者误用盗版书造成不良后果，我社将配合行政执法部门和司法机关对违法犯罪的单位和个人进行严厉打击。社会各界人士如发现上述侵权行为，希望及时举报，我社将奖励举报有功人员。

反盗版举报电话　（010）58581999　58582371
反盗版举报邮箱　dd@hep.com.cn
通信地址　北京市西城区德外大街 4 号
　　　　　　　高等教育出版社法律事务部
邮政编码　100120

读者意见反馈

为收集对教材的意见建议，进一步完善教材编写并做好服务工作，读者可将对本教材的意见建议通过如下渠道反馈至我社。

咨询电话　400-810-0598
反馈邮箱　gjdzfwb@pub.hep.cn
通信地址　北京市朝阳区惠新东街 4 号富盛大厦 1 座
　　　　　　　高等教育出版社总编辑办公室
邮政编码　100029